Soy un tecnólogo

Soy un tecnólogo

José de la Herrán

Índice

Prólogo

La primera vez que entré a la casa del ingeniero José de la Herrán, en la calle de Berlín 308, en Coyoacán, a principios de los 80, lo que más me impresionó fue que su casa era un museo. El acceso a la sala era por un estrecho camino que dejaban cientos de bellezas tecnológicas: pequeñas locomotoras de vapor, relojes de péndulo de todos los tamaños, varios robots, tubos de órgano, múltiples radios, cámaras de fotos y de televisión, diversos robots educativos, fonógrafos de todos los tipos —incluido el de Edison con discos de cilindro—, rayos láser construidos por el propio José de la Herrán, calculadoras, computadoras y telescopios. Al final de este impresionante recorrido —que ojalá algún día puedan admirar miles de niños y jóvenes en el Museo del Saber Hacer que desearía José—, por fin me pude sentar en un sillón, mientras una muy amable señorita me decía: "en un momento baja el ingeniero". En el centro de la sala había un piano Steinway de un cuarto de cola y también un órgano, así como varias grandes bocinas. Mientras esperaba al ingeniero disfruté admirando la belleza y funcionamiento de cada uno de los aparatos, dado que todos funcionaban perfectamente. Cada visita a casa de José para alguien interesado en la ciencia y la tecnología era más valiosa que una clase, porque él amablemente explicaba cómo funcionaba cada uno de los aparatos y su historia. Ahí escuché por primera vez un disco de cilindro tocado en una copia del fonógrafo de Edison con "Mary Had a Little Lamb". Muy pronto José me contagió con su filosofía de ¡hay que aprender haciendo!

José de la Herrán tuvo, como él mismo lo señala, una infancia atípica. Vivió toda su infancia en la Ciudad de México con su papá —don José de la Herrán Pau, pionero de la radio en México—, su abuela, su bisabuela y su tía en la colonia Santa María la Ribera, y cuando tenía 20 años nació su hermana Esther.

No asistió a la escuela hasta los 11 años, pero aprendió mucho más en la casa con la ayuda de su padre, a quien asistía en todo tipo de labores técnicas, sobre todo en la instalación y mantenimiento de estaciones de radio, particularmente la XEW.

Desde pequeño sabía reparar y construir radios y estaciones de radio. Más tarde se especializó en la construcción de estaciones y cámaras de televisión, amplificadores, tocadiscos, rayos láser, telescopios; en fin, cualquier aparato imaginable.

A los 11 años, por recomendación de un buen amigo de su padre, ingresó al Colegio Franco Español, porque era importante obtener el certificado de primaria. Si bien por la edad le correspondía entrar a quinto año, el director de la escuela le dijo que por su preparación lo inscribiría en sexto. A José no le costó ningún trabajo salir adelante y aunque no era demasiado sociable, sabía dibujar bien, así que algunas compañeras le pedían que les hiciera sus dibujos; sabía más geografía y astronomía que su maestro.

Entre sus múltiples destrezas, José de la Herrán patinaba muy bien y practicaba en la pista de Chapultepec. Su papá, los amigos y el director de la escuela lo impulsaron para que participara en competencias de patinaje en la escuela. Poco después el director mandó construir una pista de patinaje en la escuela, que estrenó el propio José, y más tarde, en preparatoria, ganó el Campeonato Nacional de Patinaje de Figura, y obtuvo un segundo lugar en una competencia internacional.

Además de patinaje —debo confesar que José me enseñó a patinar a los 45 años—, ha practicado ciclismo, tenis, aviación, vela, así como *wind surfing*.

Pero José no se limitó a sus grandes conocimientos científicos y técnicos. Se interesó mucho en la música, dado que su papá fue el responsable técnico de la XEW, en una época en que llegaban a la estación grandes intérpretes. Tuvo entonces la fortuna de observar cómo ejecutaba el piano Agustín Lara y aprendió a reproducir su estilo de tocar (hay que recordar que Lara no sabía escribir partituras ni leer música). Con su memoria prodigiosa y la ayuda de Rafael Barrio en la parte técnica, años más tarde logró transcribir en partituras muchas canciones del famoso autor y plasmar su estilo en el papel: José de la Herrán opina que Agustín Lara pasará a la historia como uno de los grandes compositores de música y que todavía hoy no lo hemos sabido valorar adecuadamente.

A pesar de no haber asistido al conservatorio, José toca muy bien el piano y el órgano. Ha compuesto algunas piezas para piano, una para guitarra —"Tú no volverás"— y una para órgano —"Sentimiento"—. Por si fuera poco, también sabe ejecutar la trompeta y un poco el violín. Gran conocedor y amante de la música, puede sacar las notas de un concierto de Beethoven sin leer la partitura. Y, por supuesto, se sabe de memoria todo lo que toca.

También trabajó durante una etapa de su vida en la industria del acero, con una empresa mexicana, desafortunadamente desaparecida: Campos Hermanos, donde se ocupó del área de investigación. Obtuvo varias patentes, algunas de motores de aire caliente, y posee una de las colecciones de motores Stirling más importantes del mundo. De las patentes José piensa que no sirven de mucho, a menos que se tenga el suficiente dinero como para producirlas a gran escala. Algunas de sus ideas siguen siendo muy novedosas y realizables, pero requieren grandes apoyos.

A lo largo de muchos años de su vida, José fue un trabajador incansable, al cual muy pocos le aguantaban el paso. Recuerdo que cuando yo trabajaba con él en la revista *Información Científica y Tecnológica*, del Conacyt, José tenía siempre más energía que todos nosotros. Nos decía: "El tiempo vale mucho dinero, así que no hay ninguna razón para desperdiciarlo".

En la revista *Ciencia y Desarrollo* hizo durante más de 30 años la sección de astronomía "Descubriendo el Universo". En la revista *¿Cómo ves?* se encargó durante años de las "Efemérides astronómicas", y fue un colaborador constante y miembro del consejo editorial de la revista.

La gran virtud de José en la divulgación de la ciencia y la técnica ha sido su profundo conocimiento del tema que ha expuesto, porque lo ha hecho con sus manos, porque siempre estaba actualizado. Leía gran cantidad de revistas y libros, y se mantenía en contacto con quienes estaban en la frontera de la investigación y la tecnología. "Estudia, aprende y hace" —era uno de sus lemas—. José afirmaba que sólo quien conoce a fondo un tema puede divulgarlo de manera magistral. Pero con José se daba lo inverosímil, pues no sólo conocía de telescopios, sino que diseñó y construyó el más grande con que cuenta el país hasta hoy (2021): el telescopio de San Pedro Mártir de 2.12 m de diámetro, del Observatorio Astronómico Nacional de la UNAM. Y, no contento con ello, les enseñaba a los aficionados a construir telescopios y escribió un libro sobre el particular —*Construya usted su propio telescopio*, DGDC-UNAM, 2005—. En el taller que impartió durante muchos años en la Casita de la Ciencia de la Dirección General de Divulgación de la Ciencia de la UNAM se fabricaron cientos de telescopios a costos muy accesibles.

A José de la Herrán le tocaron los grandes cambios tecnológicos del siglo XX y principios del XXI. De pequeño aprendió con su papá todo sobre la radio hasta ser capaz de construir las grandes estaciones radiofónicas del país. En los años 50 del siglo pasado, trabajó con Emilio Azcárraga en el montaje del Canal 2 y proporcionó las primeras cámaras de televisión que hubo en México; más tarde también participó en los inicios de la televisión a color. Cuando en los años 80 aparecieron las primeras computadoras de escritorio José de la Herrán adquirió la suya y por medio de conferencias se encargaba de mostrar sus bondades, cuando nadie tenía una computadora. Más tarde surgieron los robots o autómatas, que hoy están en las armadoras de automóviles, y José de la Herrán consiguió primero uno que llamó Pascal, el primer autómata educativo, y lo llevó por toda la República Mexicana para mostrar, sobre todo a niños y jóvenes, qué se puede hacer con un autómata y cuáles son sus beneficios y limitaciones; recuerdo que en sus pláticas Pascal saludaba y servía un vaso de agua.

Luego aparecieron las cámaras digitales y cambió radicalmente la industria editorial, pues ya no había que revelar fotos ni sacar transparencias para hacer libros, revistas y periódicos. Después de las primeras computadoras de escritorio, con una memoria que actualmente nos daría risa, llegó Internet. Y, por primera vez, se podían mandar mensajes electrónicos, a través de la red. Ya no era necesario escribir con pluma y papel una carta, introducirla en un sobre, comprar los timbres postales, poner la dirección y el remitente, y pagar en la oficina de correos para que le llegara a la otra persona una semana después. Ahora el mensaje se escribía en la computadora y llegaba de inmediato. Después apareció el fax, mediante el que se mandaban telefónicamente copias de cartas o textos en papel. (Hoy nadie usa un fax, porque salieron los escáneres de escritorio y se puede mandar todo por la computadora.) En los 90 salieron al mercado los primeros teléfonos celulares, y eran verdaderos ladrillos con los que sólo se podía hablar por teléfono. Hoy, en cambio, con ellos podemos, además, escuchar música, la radio, grabar en audio y en video, encontrar vía GPS cualquier dirección rápidamente, escanear imágenes, escribir en procesador de palabras, enviar correo electrónico y mensajes breves gratuitos, sostener videollamadas, conectarnos a cualquier dispositivo o bocinas por bluetooth, entre muchas otras funciones.

En la música, José de la Herrán la ha consumido en un montón de sustratos, desde los fonógrafos de trompeta, los discos de pasta de 78 rpm (revoluciones por minuto), los discos de acetato *long play* (LP) de 33 rpm, los *compact disc* o CD, los DVD, los mp3 y otros formatos electrónicos... es decir, prácticamente, cien años de cambios tecnológicos.

Gracias a él, miles de niños, jóvenes y adultos han conocido los últimos avances de la técnica: los han visto y han aprendido qué se puede hacer con ellos, ¡ahí están y José de la Herrán se los muestra!

Siempre he admirado la pasión que José de la Herrán siente por la educación de los niños y jóvenes, a quienes considera el destino principal de la divulgación de la ciencia y la técnica.

A José de la Herrán también le gustan los juguetes, particularmente los didácticos, como el famoso Mecano, con el que se pueden armar muchos modelos. Los juguetes que nos enseñan algo de la técnica y los principios de la ciencia siempre nos dejan una huella, tanto a niños como a adultos. Para José divulgar es un juego en el que se divierte y divierte a los demás. Pero esto no quiere decir que no sea importante. Con los juguetes siempre se aprende y con los de ciencia y técnica, mucho más: nos debemos preocupar de que los juguetes científicos y técnicos siempre estén disponibles para toda la población.

En una encuesta que realizó la revista *Este país* sobre el científico mexicano más famoso salió el ingeniero José de la Herrán por arriba de muchos investigadores destacados, incluido el premio Nobel. Lo que demostró dicha encuesta es que la divulgación de ciencia es muy importante, y creo que De la Herrán se merece dicho reconocimiento.

Su mayor anhelo ha sido despertar el interés por la ciencia y la técnica. Nunca ambicionó los puestos ni las distinciones, aunque sí le den mucho gusto. Entre éstas últimas ha recibido el Premio Nacional de Ciencias 1986 en el área de tecnología, el Premio Universidad Nacional, en el área de difusión de la cultura, y el Premio Nacional de Divulgación de la Ciencia en Memoria de Alejandra Jaidar, en 2003, entre otros.

José de la Herrán ha divulgado en prácticamente todos los medios: revistas, libros, programas de radio y televisión, conferencias, museos, planetarios, sociedades astronómicas y ferias de ciencia.

Las aportaciones que ha hecho a lo largo de su vida merecen que las próximas generaciones conozcan su trabajo para que les sirva de ejemplo de lo que puede conquistar un tecnólogo mexicano: construir el telescopio más grande de México, poner el funcionamiento a la radio y televisión mexicanas y lograr mejoras en el acero mexicano, además de acercar a la población en general a la ciencia y la técnica.

Soy un tecnólogo es fruto de una serie de 34 entrevistas que sostuve con el ingeniero José de la Herrán. Todos los martes a las 20:30 nos reuníamos a cenar en el restaurant Rafaello; en ocasiones nos acompañaban Esther —hermana de José— y mi esposa Marta. De ahí se realizaron las transcripciones gracias al apoyo de Radio UNAM. Posteriormente, con la ayuda de Guillermo Bermúdez y Marta García —quienes también trabajaron con el ingeniero en la revista *ICyT*—, se transformaron las transcripciones en siete capítulos con una pequeña introducción que escribieron ellos, y yo me encargué de la introducción del último capítulo—. Finalmente, la corrección, diseño y formación estuvo a cargo de quien siempre ha sido mi mano derecha editorial en ADN Editores: Édgar Gómez Marín. Y, por supuesto, todas las revisiones estuvieron a cargo tanto de José como de su querida hermana Esther.

José de la Herrán ha sido mi gran maestro en la divulgación de la ciencia y la técnica, y lo considero un elegido de los dioses por su enorme inteligencia y educación.

Juan Tonda
Cuernavaca, noviembre de 2021

1 Niñez y adolescencia

¿Cómo explicarnos que alguien como José de la Herrán se haya perfilado como un hombre de los que hoy en día difícilmente se encuentran, tan multifacético y vital que nos evoca aquellos tiempos del Renacimiento, cuando alguien podía lo mismo inventar máquinas prodigiosas que crear obras artísticas memorables?

Como en casi todos los casos, en el del ingeniero De la Herrán buena parte de la respuesta reside también en sus primeros años de vida, que prefiguran su vida y obra posterior.

Las propias circunstancias de su infancia, comenzando por una familia atípica y un entorno de personas mayores con quehaceres científicos y tecnológicos, todo lo fue llevando a ser diferente de cualquier otro niño, a ampliar sus aficiones e intereses, a convertirse en un destacado ingeniero desde temprana edad.

La casa de Carpio

Mi primera infancia transcurrió en la casa de Carpio número 174, en la colonia Santa María la Ribera. Nací el 16 de diciembre de 1925 —un martes a las 8:30 de la mañana, según me platicaron— en la calle de Oaxaca en la colonia Roma, porque ahí vivían los padres de mi mamá, pero inmediatamente nos trasladamos a la casa de Carpio que alquiló mi papá. Ésta era una modesta vecindad, ni buena ni mala, con tres departamentos a los lados de un gran pasillo, de unos diez metros; bueno, yo lo veía larguísimo, pero cuando eres chiquito ves las cosas inmensas. La casa de mi papá estaba al fondo.

Me acuerdo que el hornillo de la cocina era de carbón, de esos típicos del siglo pasado, y había que usar teas, esas maderas de pino muy resinosas que encendían inmediatamente el fogón para prender el carbón de madera, que comprábamos en la carbonería de la colonia, en medio de una oscuridad tan absoluta donde sólo se veían los ojos del carbonero.

Fui hijo único hasta los 22 años, cuando nació mi hermana Esther, como contaré después. Así que en la casa de Carpio vivía con mi papá —que para cuando yo tenía cuatro años él había cumplido 26—; mi abuelita

María, la mamá de mi papá; mi bisabuelita Magdalena Oliver de Ruiz de la Herrán, mamá del esposo de mi abuelita, y mi tía Rosa, hermana de mi papá, cuatro años menor que él. Nosotros nunca tuvimos sirvienta, pues mi papá ganaba muy poco dinero y ahí todos trabajaban en las labores del hogar.

No menciono a mi mamá, que se llamaba Victoria Villagómez y era de Guanajuato, porque realmente no existió en mi vida. No me acuerdo porque se fue de la casa cuando yo era muy chico, como me enteré mucho después. Nunca supe el motivo ni lo pregunté. Entonces, de mi mamá jamás se habló en la casa, y todos funcionaron como si ella no existiera. Alguna vez, siendo muy chico, debo de haber preguntado por ella a mi tía, quien no muy convencida dijo que había muerto. Pero vi que su cara se puso muy tensa y ya no seguí preguntando. Después, una tarde mi bisabuelita Magdalena, sin que le preguntara, me dijo que mi mamá había muerto. Esto no era cierto, pero eso lo supe 20 años más tarde.

Mis papás se casaron muy jóvenes, y fui el único hijo de la pareja. Para que no me acuerde de mi mamá, ella debió de irse cuando yo tendría, no sé, tal vez un año o algo así; claro, tengo fotografías.

Pienso que mi mamá se fue de la casa con otra persona. En ese tiempo mi papá trabajaba en la Compañía Telefónica Mexicana en los circuitos de larga distancia, y viajaba con demasiada frecuencia para revisar las líneas de larga distancia a Querétaro, San Luis Potosí, Monterrey, etc. Imagínense, si mi papá cuando se casó con ella tenía 21 o 22, mi mamá andaba en los 17 o 18, ¡era una chavita! Estoy convencido ahora de que la chavita se fue con un fulano y esto significó un trauma tan terrible para mi papá y la familia que decidieron borrarla del mapa. Eso es lo que deduzco.

Sólo cinco lustros después volví a saber un poco de ella, cuando yo era director técnico del Canal 2 en Televicentro, alrededor de 1955. Ahí había conocido a la secretaria del señor Emilio Azcárraga Vidaurreta, Amalia Gómez Zepeda, una mujer extraordinaria que había trabajado con don Emilio desde que era chiquilla, y yo la veía como mi segunda mamá, como mi mamá académica o platónica. Un día, al llegar a Televicentro, subí al elevador y entraron conmigo Amalita Gómez Zepeda y una joven vestida de negro, muy atractiva, muy simpática. Yo siempre saludaba muy efusivo a Amalita: "Qué gusto de verla, ¿qué dice?", pero no me presentó a la dama elegante, lo cual me extrañó un poco porque Amalita era muy correcta y siempre que iba con alguien me presentaba. Al llegar a mi piso me despedí. Días después me preguntó Amalita: "¿Te acuerdas de que el otro día cuando subimos en el elevador no te presenté a la joven que iba conmigo?". Le respondí: "Sí, sí me fijé, pero no supe por qué". "Pues te voy a decir por qué: se trata de tu media hermana". "¡Ay, caray!", atiné a comentar. Ésa era la primera noticia que tenía sobre una media hermana, por el lado de mi mamá, después de tantos años.

Luego, durante un programa muy interesante que se trasmitía por televisión y que se llamaba *El premio de los 64 000 pesos* —donde había que contestar preguntas cada vez más difíciles sobre un tema determinado, por ejemplo de la Grecia Antigua—, una señora como de 60 años que fue a concursar sobre un mexicano famoso, no recuerdo quién, iba ganando y ganando, contestando ya no una, sino diez preguntas muy difíciles que solamente un estudioso respondería correctamente, hasta que al final ganó. Resultó que ella había sido la nana de mi mamá en su niñez, según me confió luego Amalita. La saludé y tuvimos alguna plática de entrada por salida, no gran cosa.

También recuerdo que cuando yo tenía tres o cuatro años, mi bisabuelita — "Mamita", como yo le decía— me llevaba a ver a la mamá de mi mamá, la abuela Victoria. De eso me acuerdo perfectamente bien: tras subir una escalera bastante empinada, estaba una señora muy seria, vestida de negro, con una mirada hosca tras de sus anteojos. No recuerdo una sonrisa de esa señora seca, áspera, no mal parecida, muy blanca. Ésa era la impresión que tenía de mi abuela materna, quien me veía como si yo fuera un bicho raro.

No preguntaba más por mi mamá porque a los tres años de edad yo no sabía que debía tener mamá, como lo saben los demás niños a quienes se lo dicen los mayores; pero si los mayores te encierran en un mundo de silencio al respecto, tú no extrañas en lo más mínimo a tu mamá. En mi caso, jamás extrañé a mi mamá porque mi familia era: mi papá, mi abuelita María, mi bisabuelita Mamita y mi tía Rosa. Nunca tuve problemas existenciales porque no había otras tías, sobrinas o fulanos que me dijeran: "Tu mamá te dejó y se fue". Jamás nadie se molestó —gracias a Dios— en informarme. Pobres gentes que caen en las manos de quienes los lastiman haciéndolas sentir miserables, cuando en realidad no lo son.

Eso es muy interesante psicológicamente. Yo nunca sentí que me hacía falta mi mamá. ¡Tenía yo tres mamás: mi abuelita, mi bisabuelita y mi tía. Jamás sentí la falta porque ellas tres me atendían de maravilla. Aunque mi abuelita fue la que me crió. Ella era quien realmente me atendía como si fuera su hijo. Es más, creo que viendo que no estaba mi mamá, todas exageraban lo lindas que eran conmigo. No eran de beso o de abrazo y de estar apapachando, porque eran europeas, y allá no son cariñosos de ninguna manera, pero me querían mucho y me trataban de maravilla. Además esos mimos a mí me caían gordos, así como a todos los niños que soportan a sus madres porque no les queda otra. Por eso cuando yo veía eso en casa de algún amigo jamás sentí envidia, sino al contrario; decía "¡qué bueno que no tengo que andar tratando de escapar de las garras de una señora cariñosa!".

Aparte tenía el cariño de mi papá. Sabía que me quería aunque era bastante hosco y no demostraba su cariño de forma visible. En realidad, nunca me preocupaba si me quería o no, porque a esa edad nadie se preocupa por esas cosas.

Además, con el tiempo adopté a dos mamás. Una era Amalita, a quien conocía desde que era chiquito, y la otra doña Ángela Hierro de Morfín, la mamá de Eduardo Morfín Hierro, un amigo muy querido que ya no vive. A ella la adopté como segunda mamá en el tiempo de la secundaria y preparatoria en el Colegio Franco Español, que estaba en Insurgentes Sur donde ahora se halla Plaza Inn. Lalo, quien fue mi compañero de sexto año, vivía en Verdi 14 en la colonia Guadalupe Inn. Íbamos a su casa casi todos los días al mediodía a comer, y fue así como adopté a su mamá como propia.

Crecer entre contrastes

La familia de mi papá, José Ruiz de la Herrán Pau, vino de España por ambas partes. Ruiz de la Herrán es un apellido compuesto, con una larga historia en Málaga, donde hay una calle que se llama Ruiz de la Herrán en honor de mi tatarabuelo, quien había sido procurador del Rey. No tengo precisa la fecha, pero debe de haber sido en 1800 y pico, pues mi papá nació en Barcelona en 1903, mi abuelita habrá nacido en 1880 y mi bisabuelita en 1860.

Mi bisabuelita Magdalena Oliver de Ruiz de la Herrán era una mujer que había sido muy bien educada, de una familia rica y de buena posición. Nació en Monterrey porque su papá, Lorenzo Oliver, de joven se vino de España a México. La familia de él tenía una hacienda en Huesca, al norte de Cataluña. En esa hacienda, que se llamaba San Juan de la Violada —no pregunten por qué, pero así se seguía llamando 100 años después—, se producía seda, porque tenían los gusanos de la seda. Como sólo el hijo mayor iba a ser el heredero de la hacienda y los demás no iban a recibir nada, los hermanos menores partieron a buscar fortuna en otro lado. Lorenzo y Martín se vinieron a América. Lorenzo se instaló en Monterrey y fundó una casa de cambio, lo que le permitió enviar a sus hijas —entre ellas mi bisabuela— a estudiar a París. Por eso mi bisabuela sabía francés y tocaba el piano; fue muy bien educada.

De ahí que existía un contraste fantástico con la mamá de mi papá, mi abuela María Esperanza Pau Furtia, quien provenía de una familia campesina y era dos veces catalana, como ella se decía. Sin embargo, mi abuelo no la conoció en Barcelona, sino en un pueblo chiquitito llamado Els Hostalets, que es ahora una ciudad importante del norte de Cataluña y está en el camino de Barcelona a Figueras, donde se encuentra el Museo de Salvador Dalí. Sucedió que como mi abuelo llevaba coches a vender de Francia a España y pasaba por ahí, la debe de haber visto, se enamoraron y se casaron.

Y las historias de esas dos mujeres se entrelazan porque resulta que este señor con el que se casó mi abuela era el hijo de mi bisabuelita Magdalena, quien de este modo se convirtió en la suegra de la mamá de mi papá, o sea, de mi abuela María.

Lo más interesante de esta historia es que un día mi bisabuela y mi abuela, es decir, la suegra y la nuera, decidieron no querer saber nada más de sus esposos —así habrán sido éstos— y cortaron por lo sano: cogieron a los dos hijos de cinco y siete años —que eran mi papá y mi tía Rosa— y casi sin dinero tomaron un vapor —como les decían a los barcos— rumbo a La Habana, donde estuvieron un tiempo, y luego se embarcaron a Veracruz. Ya después, en 1910, se vinieron a la Ciudad de México. Hay que considerar el valor que tiene el que dos señoras solas y con niños decidieran venirse a América a principios del siglo XX; no lo hacen todas las señoras, que yo sepa, ¿verdad? Y también resulta bastante notable que mi bisabuela y mi abuelita, dado el contraste fenomenal entre ellas, hayan decidido vivir juntas y no con sus propios maridos, para venir a buscar fortuna en América.

De ahí cortaron totalmente la relación con España. Que yo sepa, mi bisabuela y los seis o siete hermanos y hermanas que tenía se marcharon a España, pese a gozar de una muy buena posición en Monterrey, debido a los múltiples conflictos que vivió México allá por 1870. Esto ocurrió cuando mi bisabuela tenía ocho años. Por ello, ya en España, ella tuvo la oportunidad de educarse en buenas escuelas y aprender francés, que era lo que se acostumbraba en esa época en la que una niña debía saber tejer, tocar el piano, aprender algún idioma, leer algunos libros de literatura y conocer algo de historia y de arte, si quería figurar en sociedad.

Entonces, a ella le tocó la suerte de poder recibir una educación muy buena, mientras en contraste su nuera, mi abuelita, era una campesina que no sabía ni siquiera español, sólo hablaba catalán. Aprendió aquí a hablar el español al estilo mexicano, tanto que no se le notaba el acento (lo recuerdo muy bien porque nadie le preguntaba de dónde era).

Mi papá también hablaba sólo catalán cuando llegó a México, a los siete años, y aquí aprendió el español. Durante toda mi niñez allá en la casa de Carpio, mi papá, mi abuelita María y mi tía Rosa siempre hablaban entre ellos en catalán, pero con mi bisabuelita usaban el español porque, como ya comenté, ella había nacido en México y de pequeña se había ido a Huesca, así que no sabía catalán. Yo entendía igual el español que el catalán, aunque de éste nunca pronuncié una sola palabra. Alguna vez me preguntaba mi papá: "¿En qué te hablé?, porque no me fijé".

Con el tiempo, en México mi papá también aprendió francés, pero no como mi tía, porque ella lo estudió en el Colegio Francés, lo tomó muy en serio y lo perfeccionó; además, estudió baile clásico. Ella era una mujer sencilla, poco interesada en asuntos del hogar, a quien le gustaba el baile. Ya murió…, de hecho, ya murieron todos los de esta familia tan curiosa que me tocó tener.

El sonido llega al cine

De lo que me acuerdo sobre esos años en la casa de Carpio es que mi papá estaba construyendo el amplificador para un cine. En esa época —estoy hablando de los años 1927-1928— apenas empezaba el cine sonoro, pues antes sólo existía el cine silencioso, como todavía podemos ver algunas películas de Chaplin —aunque ya las echaron a perder con una música de fondo medio tonta; Chaplin no necesitaba música para ser cómico—. En México, el cine sonoro podía verse (y oírse) en salas cinematográficas como el cine Majestic, que estaba en la colonia Santa María la Ribera, al cual por cierto me llevó muchas veces mi abuelita.

Me imagino que ese amplificador que estaba construyendo mi papá era para el cine Majestic porque quedaba cerca de la casa, pero no sé, no estoy muy seguro. Él trabajaba en el suelo con el amplificador, los bulbos, el chasis, el cablerío y una bocina como de unos 20 cm de diámetro que adaptó a una corneta de madera que había hecho. Era una corneta gigante, cuadrada, o sea, una corneta exponencial que partía de la bocina, pero en forma cuadrada, y luego se abría para hacer la boca de la bocina, que tendría metro o metro y medio —eso creo, porque yo no alcanzaba a ver la parte de arriba del cuadro—. A mí me encantaban las pruebas que hacía con discos porque me gustaba mucho escuchar los sonidos cuando realizaba ajustes al circuito que estaba desarrollando.

Eran discos que se colocaban en un reproductor o tornamesa de fierro como de 70 kilogramos, sobre los cuales se ponía una aguja, pero cada vez que se tocaba un disco era necesario cambiar y atornillar una nueva aguja porque se achataba en el proceso de pasar por los surcos. Existían discos de 78 revoluciones por minuto, y los había de 10 y 12 pulgadas de diámetro; los de 12 pulgadas en general eran de música clásica de orquestas importantes, y los de 10 eran más bien de canciones, porque cabía muy bien una canción de cada lado.

Precisamente, esa bocina o trompeta se colocaba detrás de la pantalla para transmitir el sonido de la película al público. Es decir, se sincronizaban la película y el disco para que las palabras de los actores coincidieran con el movimiento de sus labios. Hubo una época muy chistosa en la que en algunos conciertos de cantantes muy famosos se ponían las trompetas afuera del teatro para la gente que no había entrado.

Operar sus bocinas y su trompeta gigante de madera era una chamba extra para mi papá, pues estaba trabajando en la Compañía Telefónica Mexicana, donde era el ingeniero encargado de instalar las líneas de larga distancia a Veracruz, San Luis Potosí y Laredo. Debía supervisar la instalación de las líneas, al personal de la compañía que fijaba los postes, colocaba las crucetas y emplazaba los aisladores. Por eso viajaba tanto. Me acuerdo de que salía con una maletota de cuero y tomaba el tren, porque generalmente las líneas telegráficas y telefónicas iban al lado de las vías del ferrocarril.

En aquel tiempo en nuestro país había dos empresas de telefonía, la Compañía Telefónica Mexicana y la Compañía de Teléfonos Ericsson, que no estaban interconectadas, así que no se podía hablar de un teléfono de Mexicana a uno de Ericsson, y viceversa, lo cual era bastante idiota.

Mi papá ejecutó varios trabajos por encargo: "Hazme un equipo para el cine tal", y se ponía a trabajar en la casa y lo instalaba. Cuando dejó la Compañía Telefónica Mexicana, en su lugar al frente de todas las instalaciones de larga distancia se quedó uno de sus colaboradores más cercanos, Armando Enrile, quien fue ascendiendo hasta llegar a ser ingeniero en jefe de la Compañía Telefónica.

Entre la partida y lo perdido, lo ganado

Antes de dejar Carpio, mi papá se transportaba en una Indian de cuatro cilindros, la moto más grande que se fabricaba en aquel entonces. Él siempre había sido entusiasta de las motos, que además eran baratas, pues costaban la cuarta parte que un automóvil, y si era elegante como aquella, como la tercera parte. No había más que dos marcas: Harley Davidson e Indian, ambas estadounidenses, que competían al tú por tú. La policía traía Harley y los aficionados y el público en general, Indian, nada más para no parecer policías; las de cuatro cilindros eran como el Cadillac de las motocicletas.

El caso es que como el pasillo de la vecindad de Carpio 174 estaba un par de escalones arriba de la banqueta, él subía la moto con ayuda de un tablón. Desde la calle, cogía vuelo —con el motor apagado— y con el impulso llegaba hasta el pasillo; luego, ya con la moto arriba, regresaba por el tablón, lo metía a la casa y lo ponía de forma vertical, recargado en la pared. La parte de la historia que más recuerdo es que un día, cuando tenía tres o cuatro años, estaba jugando con esa tabla —que medía dos pulgadas de grueso y dos metros de largo—, de pronto la jalé y se me vino encima, aplastándome un dedo como huevo de pajarito. Fue todo un drama porque aunque me lo arreglaron me quedó la cicatriz. Ese accidente es el único de ese tipo que he sufrido en mi vida.

La pérdida del triciclo, que me había comprado mi papá, es otra de las anécdotas que desencadenaron mi llanto. Fue un día en el que andaba paseando en el pasillo, pues no tenía permiso de bajar a la banqueta, aunque el zaguán en general estaba abierto. Recorría los 10 metros del pasillo y daba la vuelta. Me acuerdo de que dejé un ratito el triciclo cerca de la puerta y cuando regresé ya no estaba. ¡Me quedé sin triciclo!

El llanto también da satisfacciones. Hay otra anécdota interesante de antes de cambiarnos —debió de haber sido en 1929, no estoy seguro, es que hace mil años que no pienso en estas cosas, pero de repente vienen los recuerdos—. Mi bisabuela, que era gente de mundo y conocía a los Fulánez, a los Mengánez, a los Pratts, a los Monasterio, en fin, me llevó de visita a casa de un dentista que era mi padrino. Poseía una casa de esas grandes, al estilo mexicano, con una entrada para coches de caballos, un medio sótano y un patio con las recámaras alrededor; en síntesis, una casa muy grande y muy bonita. Sus cinco o seis hijas eran de mi edad o más grandecitas y ahí andábamos corriendo para arriba y para abajo. Total, que una de ellas tenía un osito de peluche del que me enamoré. Le pedí que me lo prestara, me dijo que sí, y ya nadie me lo pudo quitar.

Mi bisabuelita, ya en la reja con barrotes de hierro de la casa, me lo quería quitar, pero no pudo. Yo daba unos alaridos que se deben de haber oído hasta San Ángel. La dueña lloraba porque no le devolvía el osito, y yo porque no me lo fueran a quitar, y era un relajo. El caso es que salió la mamá, y finalmente se apenó y le dijo a mi bisabuelita: "Pues lléveselo, yo le voy a comprar otro a mi hija". Pero eso no contentó a la niña, que siguió llorando. Me acuerdo de que me fui chillando a más no poder, pero con el oso.

Era mi amor el osito. Tenía en las patas dos ejes y unas ruedas que se le cayeron muy pronto; entonces mi abuelita lo llevó con el carpintero de la esquina de Carpio a que le pusiera una tabla y le clavara las cuatro patas en ella. Aún conservo mi osito, por ahí está, todo pelón, pero ahí sigue. ¡Uy, cómo quise yo a ese oso! Hasta la fecha lo veo y me sigue recordando lo bello de la niñez.

De los receptores de radio a la XEW

Mi papá se fue a trabajar a una empresa llamada Mexico Music Company —la gente le decía México Musical—, que era una importadora de radiorreceptores y radiofonógrafos RCA Victor (en esa época no se decía tocadiscos). La casa Victor nació en 1902 con el nombre de Victor Talking Machine Company, y empezó con el sistema de discos patentado por un alemán de apellido Berliner, que era diferente al de cilindros, que patentó Edison. El sistema de producir discos de Berliner impulsó el auge de la reproducción musical, porque era más barato producir un disco que un cilindro, por lo cual ganó la carrera comercial y después, alrededor de 1910-1912, finalmente llevó a la desaparición del cilindro.

Después de la Primera Guerra Mundial, por ahí de 1920-1921 el gobierno estadounidense decidió correr a la empresa inglesa Marconi, que era la dueña de todos los sistemas de radiocomunicación en Estados Unidos. Entonces, le compró sus instalaciones a través de una compañía que ya existía, General Electric, la sucesora de Edison. La General Electric abrió una oficina a la que llamó Radio Corporation of America (RCA), que al poco tiempo se unió a la Victor Talking Machine y así se inició la RCA Victor.

La México Musical donde mi papá entró a trabajar era propiedad del señor Emilio Azcárraga Vidaurreta, quien importaba fonógrafos y radiorreceptores de la RCA Victor. El problema era que venían en el ferrocarril, por un lado, los muebles ya terminados —digo muebles porque no eran radios de mesa, sino consolas casi del tamaño de un piano— y, por otro, las cajas con los amplificadores, las bocinas y los sintonizadores; así que la tarea en la planta era armar y poner a funcionar los radiorreceptores y los radiofonógrafos; es decir, meterle todas las tripas y ponerle los amplificadores, las bocinas, el tocadiscos, porque había radios que no tenían el reproductor de discos, otros venían sin amplificador, en fin.

Pues ése fue el trabajo que tomó mi papá a fines de 1929, año en el que hubo una depresión pavorosa en Estados Unidos.

La depresión provocó una baja de las ventas, porque esas crisis desencadenan un efecto dominó por el que en cuanto cae el primer negocio se siguen todos, uno tras otro; igual ha pasado en todas las demás crisis que se inician en el vecino país del norte, pero mientras allá se aflojan las ventas, aquí se nos caen los pantalones y hasta los calzones. Eso no ha cambiado.

En esos tiempos de la depresión, el señor Azcárraga vendía a plazos los fonógrafos o radiofonógrafos, que se llamaban "electrolas", una combinación de *victrola* por Victor y de *radiola,* que la RCA Victor había empezado a producir allá por 1925. Por cierto, yo tuve algunos de esos aparatos, pero se los di al Museo Universum de la UNAM, donde hay una Radio Electrola modelo 45 (usaba dos bulbos de salida que se llamaban 45). Fue el radio más famoso de la época y se vendieron muchísimos a un precio razonable, aunque eran bastante caros, como 600-700 pesos, lo cual en 1930 era casi una fortuna para la gente común y corriente, porque el peso estaba más o menos a la par del dólar; eran radios para casas finas que pocos podían tener.

Obviamente, con motivo de esta depresión al señor Azcárraga también le bajaron las ventas aunque vendía a plazos; así, cuando no le pagaban tres o cuatro abonos, él iba y recogía el radio. Don Emilio decía: "Yo para qué quiero almacenar radios en la bodega; ahí no me sirven igual que si los tiene el dueño".

Fue entonces cuando se le ocurrió la idea de poner una estación de radio para vender radiorreceptores, pues no se vendían los radios precisamente porque no había gran cosa que escuchar aquí en México; sólo había tres o cuatro estaciones de baja calidad, de programación muy pobre.

Estaban, por ejemplo, la XEN, XEB y unas cuantas estaciones más que tocaban discos, con comentarios y con anuncios, relativamente primitivos. El señor Azcárraga —quien viajaba mucho a Estados Unidos porque había hecho su primaria y secundaria en San Antonio, Texas, y hablaba perfecto el inglés—, se dio cuenta de que el radio era un negocio del futuro inmediato. Por ello se arregló con la RCA Victor para comprarles a plazos un transmisor y montar la XEW, que logró arrancar en septiembre de 1930. Sin embargo, la estación estaba a cargo del ingeniero mecánico Salvador Domensain, que sí tenía título pero no le entendía mucho a la planta, por lo que a cada rato se interrumpía la transmisión —que por cierto era nada más de cuatro de la tarde a ocho de la noche—.

De modo que cuando mi papá aún trabajaba en la Mexico Music, a cada rato lo llamaban para consultarle sobre bulbos y demás, porque allí no había nadie que supiera gran cosa de eso, mientras que mi papá ya había construido e instalado varias radiodifusoras en México antes de estar en la Compañía de Teléfonos Mexicana. La primera estación que él diseñó armó y construyó fue la JH; los demás equipos generalmente se importaban de la Westing House y la Western Electric.

Una casa en la planta de la W

No cesaban los llamados persistentes de don Emilio Azcárraga a mi papá: "Oiga, Herrán, otra vez ya se paró la W, voy por usted", y ahí iba por él a Carpio y se lo llevaba a Coapa. Llegaba mi papá, veía los medidores, se metía atrás, le jalaba tres cosas y otra vez ya estaba en el aire la estación; se tardaba media hora en llegar y dos minutos en arreglarla. Finalmente, don Emilio le dijo: "¡Caramba, Herrán!, usted se debería venir a vivir aquí cerca de la estación". Mi papá, muy sabio, le contestó: "Pues hágame usted una casa". Y es que el señor Azcárraga quería que se fuera a vivir al llano donde estaba la estación y no había nada. "Pues, sí, se la voy a hacer".

Entonces le hizo una casa al lado de la planta de la W. Se comenzó a construir en febrero, se terminó por mayo o junio —no me acuerdo bien— de 1930 o 1931, y en ese momento nos cambiamos de Carpio a la calzada de Tlalpan número 3000, en Coapa, donde se encontraba esa planta de la XEW. Ahí viví desde los cinco años hasta que me casé.

Era una casa padrísima. Después de vivir en una vecindad en Carpio, mi abuelita, mi bisabuelita y mi tía estaban felices. Por primera vez en la vida teníamos una casa como debe ser, una casa moderna y recién hecha. ¡La estrenamos! No es que se la hubiera regalado a mi papá, pues era de la empresa. Tampoco era como parte del salario, ya que don Emilio no era avaro, e incluso después le dieron coche, porque viviendo allá nos hallábamos muy lejos de la civilización. El sueldo era aparte.

Allí, en el llano pelón donde estaba la planta de la W, empezó mi nueva vida. Por órdenes de la Secretaría de Comunicaciones y por conveniencia lógica, los transmisores de potencia siempre están fuera del área poblada, principalmente porque los terrenos que se necesitan son muy grandes y caros, y lo mejor era buscar un terreno lejos, donde cuestan menos. En este caso, la planta de la W se localizaba en el kilómetro 13.5 de la calzada de Tlalpan, pasando el pueblo de Portales, el de Churubusco, Huipulco, donde la vía del tranvía se dividía a Churubusco y la calzada de Tlalpan, y luego ya no había nada.

La estación se ubicaba en medio de dos haciendas —la de Coapa y la de San Antonio— que estaban a medio kilómetro, una al norte y otra al sur de la calzada de Tlalpan. Ésta era una calzada angosta, enmarcada por árboles viejos a cada lado, con un carril de subida y otro de regreso, sin la separación de un camellón. Entre la calzada y nuestra casa, como a 30 metros estaba la vía por donde pasaba el tranvía de Tlalpan a Xochimilco. Además, también había dos zanjas; si en la noche no te fijabas caías ellas porque la oscuridad era total. En ese tiempo en el valle de México había mucha agua: si se escarbaban 50 cm, brotaba del suelo.

Para cruzar las zanjas y entrar a la propiedad de la XEW había un puente de madera sobre una de ellas, de unos tres metros de ancho, más o menos; por esas zanjas fluían aguas de todos colores, porque eran aguas residuales que venían de la fábrica de papel de Peña Pobre; según los colores de los que estaban tiñendo el papel, el agua era azul, o roja o verde, y de pronto era negra.

Además existía un pequeño bordo del Acueducto de la Ciudad de México que seguía por División del Norte; pero ese tramo iba paralelo a la calzada de Tlalpan y tenía respiraderos cada 500 metros, que eran como una especie de chimeneas de seis o siete metros de altura para airear el agua que iba a la Ciudad de México.

Entonces fue un cambio radical: de vivir en una colonia como la Santa María la Ribera a irse a un llano en donde, sin exagerar, no había nada ni nadie ¡medio kilómetro a la redonda!

Allí don Emilio había comprado un terreno para instalar las antenas y demás. Don José Piña, que había sido chofer de la mamá de don Emilio, era el encargado de mantenimiento del lugar y el operador de la propia planta XEW; él veía que llegara el mozo y la puerta que cuidaba el vigilante, porque era una propiedad muy grande, de cuatro hectáreas. Don Emilio se lo encomendó a mi papá para que fuera su segundo de a bordo porque era un hombre de absoluta confianza, de poca preparación, pero sumamente fiel a la familia Azcárraga; de esas personas que reconocen a sus superiores y les tienen un gran respeto.

Antes de construir nuestra casa había dos cuartitos independientes que habían sido pensados en un principio para dormitorio de los operadores; don José Piña vivía dentro del edificio de la planta de la W, en una pieza que era de cinco por cinco con una ventana que daba a la calzada de Tlalpan. Después, don Emilio mandó construir otra casita para él, así que dejó la pieza que ocupaba.

Como yo estaba solo, mi niñez no consistió en jugar con otros niños, porque no los había, sino en ayudar en lo que podía, en atender algunos trabajos que don José Piña me encomendaba en la planta de la XEW. Él inmediatamente se convirtió como en mi tutor y jefe en el trabajo.

Desde que yo tenía cinco años, me encargaba limpiar la herramienta. Mi día empezaba a las ocho de la mañana, hora en que debía levantarme para darme un baño de regadera con agua fría. No me bañaba en mi casa, sino en una casita aparte donde estaba una familia de cuidadores. Luego, don José Piña me llevaba a una parte plana del terreno donde me enseñó a jugar tenis, porque él era fan de ese deporte. Después desayunaba yo en mi casa y al terminar iba a limpiar la herramienta.

En la W, el lado izquierdo del edificio donde se ubicaba el transmisor se había comenzado a desnivelar porque estaba cimentado en lodo; como contrapeso del lado derecho se colocaron unos cajones de madera llenos de grava. La razón por la que el edificio estuviera vacío del lado derecho es que don Emilio Azcárraga lo había mandado hacer pensando en aumentar la potencia de 5 000 a 50 000 watts en un futuro, pues en ese caso ya no tendría el problema de dónde poner el nuevo transmisor.

Encima de esas cuatro cajas llenas de grava, que eran como de un metro cuadrado, estaba la herramienta: pinzas, desarmadores, cautín, llaves… Yo tenía que limpiarlas todas las mañanas. Ahí estaban los trapos con los que las dejaba relucientes. José Piña pintó la figura de cada herramienta para que las acomodara en su lugar y esa era mi chamba. Al terminar ya me tocaba ir a jugar.

En esa época, después de haber aprendido a limpiar y acomodar la herramienta todos los días, a las once de la mañana me iba a jugar solo porque no tenía con quién hacerlo en ese llano. De manera que aprendí a no necesitar de nadie para entretenerme. Jugaba con mis aviones, mi submarino…, en fin. Mis amigos eran José Piña de la Peña y Gustavo Santibáñez, que era el segundo operador de la W; a ambos los recuerdo con mucho cariño.

Además, todos los domingos llegaba el señor Azcárraga con sus hijos Emilio, Bertha y la Chatis, y nos poníamos a jugar y a correr. Ellos llevaban sus bicicletas y, como yo ya tenía la mía desde los cinco años —una chiquita, colorada, me acuerdo muy bien—, andábamos por el llano. Ya después, cuando cumplí 10-11, me regalaría mi papá una Raleigh de media carrera, padrísima.

Por ahí de los nueve años también conocí a Georgina, como dos años menor, que era la hija del ingeniero Fernando Grajales. Vivían en la colonia Álamos y él trabajaba como encargado de la XEDP, la estación de la Secretaría de Educación —donde por cierto empezó como operador de audio Guillermo González Camarena—. Nuestros papás nos llevaban al cine, mientras ellos se iban al café. En ese tiempo había un cine que se llamaba Cinelandia, que proyectaba películas cortas y de monitos, como de el Gordo y el Flaco, de Chaplin y las del sensacional Buster Keaton, uno de los mejores cómicos, el único artista que he visto que la hacía de tonto pero con la cara seria. También vi a Los tres chiflados, que me parecieron tres idiotas; nunca me pude reír con sus chistes baratos, estúpidos.

Un par de años después, empecé a tener amistad con los hijos de los dueños de la hacienda de Coapa, la familia Medina, que eran cuatro o cinco hermanos, y también de la otra hacienda, los Sáenz. Yo me iba a veces a la hacienda a estar entre las vacas, ver cómo les preparaban su comida; en fin, era una vida de campo. Ellos andaban a caballo porque eran hijos de hacendados, pero yo jamás quise montar a caballo (la única vez que tuve que andar entre caballos y mulas fue muchos años después, en 1954, cuando me tocó ir a ver el lugar de la repetidora de televisión del Canal 3). Yo llegaba en mi bicicleta, e hice muchísimos amigos como ellos, a quienes les interesaba la bicicleta porque no tenían. Sin embargo, fue una amistad lejana.

Recuerdo que cuando yo tenía unos 10 años llegaba también a la planta el señor Othón M. Vélez, que era el gerente de la XEW, con su hijo Othón, quien era un par de años más chico que Emilio. Éramos amigos de fines de semana, pero sólo cuando iban, que no era siempre.

Las ondas de W radio

Aclaro que la planta de la XEW no tenía nada que ver con los actores. Los estudios donde iban ellos estuvieron primero en la calle 16 de Septiembre, frente al restaurante Prendes, a media cuadra del Eje Central (antes San Juan de Letrán). Se instalaron en los altos del cine Olimpia, donde el señor Azcárraga alquiló unos salones muy grandes y muy altos que se adaptaron para hacer los primeros estudios de esta estación. Ahí empezó la XEW con el piano, el anunciador, los estudios y todo lo que es el movimiento de la radio. Sólo tiempo después don Emilio compró unos almacenes de la fábrica de cigarros El Buen Tono, en la calle de Ayuntamiento 54, donde se construyeron los estudios definitivos de la W.

La señal de los estudios, con las voces de los artistas y demás, se enviaba a través del hilo telefónico a la planta de Tlalpan, a 13 y medio kilómetros de distancia, desde donde sólo se transmitía. Había cuatro líneas telefónicas las 24 horas contratadas sólo para eso; dos de las líneas eran de Ericsson y dos de Telefónica de Mexicana, por si fallaba una o un idiota chocaba contra un poste nos cambiábamos a la otra para transmitir.

Llamamos *magneto* a esa línea de teléfono permanente, conectada las 24 horas del día, nada más para la comunicación entre la planta y el estudio; con esto no se perdía el tiempo en marcar un número y esperar a que contestaran, sino que se hacía girar la manivela y allá sonaba el timbre.

Luego de recibir la señal creada en los estudios, en la planta de Coapa primero se igualaba dicha señal para corregir los graves y los agudos, así como para darle el nivel correcto para que entrara al transmisor. El transmisor era de 5 000 watts, completo y muy funcional, modelo 5B de la RCA Victor.

Me acuerdo del maestro Agustín Lara porque venía a la planta en un convertible amarillo huevo. Es como si lo estuviera viendo entrar sobre aquel puente de madera y el cuidador Panchito bajaba la cadena para que pasara. Él llegaba con dos muchachonas bien bonitas, con sombreros para cubrirse del sol. Entonces, Agustín Lara se bajaba a saludar, porque era muy amigo de mi papá, y se quedaba un rato a platicar; se tomaban un refresco o algo y luego se iba con las muchachas a Cuernavaca.

El ingenierito de la XEW

También visitaba a mi papá los sábados y los domingos el Vate Ricardo López Méndez, el famoso autor de esa maravillosa poesía *El Credo* ("México, creo en ti..."). Llegaba en un automóvil que me fascinaba, porque era el único Cord que yo vi entonces; era un automóvil ultramoderno para aquella época, allá por 1934-1935. Su característica más notable es que no tenía el radiador al frente, como el resto de los coches, y en su cofre de lámina incluía unos adornos horizontales muy padres; además, era de tracción delantera, como ningún coche de la época, y sus velocidades eran eléctricas; o sea, no disponía de palanca de velocidades, sino que junto al volante había unos botoncitos, uno por cada velocidad, lo que en esos tiempos era un verdadero adelanto. El claxon contaba con unas trompetas de aire a presión; eran como trompetas de música, de sonido agradable y afinadas a un acorde mayor, así que sonaban muy bonito. Total que el coche era la sensación.

Casi me olvido de una anécdota que, si no la cuento yo, ya nadie podrá contar porque ya se murieron todos. Es algo muy divertido que ocurrió en 1933, cuando iba yo a cumplir ocho años y está grabado en algún lado. Lo tenía López Méndez en una cinta de carrete abierto y me dijo que me la iba a dar, pero nunca lo hizo.

Como mi papá era el ingeniero, a mí el Vate Ricardo López Méndez me decía "el ingenierito". Sucedió que en una ocasión la estación salió del aire mientras él estaba anunciando, pero los anunciadores —o locutores, como se les dice ahora— nunca sabían si la estación estaba al aire o no. Entonces le hicieron señas desde la consola de control para que supiera que estaba fuera del aire por alguna falla.

El caso es que eran como las 8:30 de la noche y lo que resultaba muy simpático es que estaba yo operando la estación mientras mi papá se iba al café y regresaba a las 9:00-9:30 de la noche. En ese momento, de repente estalló uno de los bulbos tipo 866 rectificadores del rectificador intermedio, que eran de vapor de mercurio.

Primero le bajé al alto voltaje y hablé por teléfono con el operador del estudio de Ayuntamiento 54, que era Genaro Martínez y le dije: "Fíjese que se me acaba de ir la planta del aire" —tuve que haber dicho: "Bajé el alto voltaje porque se fundió un bulbo del rectificador intermedio"—. Él me preguntó: "¿Qué vas a hacer?". Le respondí: "Ahorita lo voy a cambiar, nada más que me va a tomar un ratito porque tengo que calentar el filamento del bulbo nuevo". De esta plática no recuerdo las palabras exactas, pero me lo contaron tanto el operador como el jefe de operadores en la planta.

Entonces cogí el bulbo nuevo, tomé una base que teníamos para precalentar el filamento en cosa de un minuto, y cuando vi que ya estaba listo abrí la puerta de protección del transmisor —en cuanto se abría cualquier puerta de acceso en el transmisor se cortaba el alto voltaje—; luego quité con un trapo el bulbo que se había roto, retiré los pedacitos, puse el bulbo nuevo, cerré la puerta, me esperé otro minuto y le hablé al operador Genaro Martínez: "Ya cambié el bulbo, pero me estoy esperando otro ratito para que no esté muy frío; entonces, en 20 segundos más entramos al aire". Pasados los 20 segundos, ya prendí y vi que el bulbo estaba bien.

Ellos en el estudio oyeron inmediatamente la transmisión, porque allá tenían puesto el radio en la cabina de control del estudio; cuando no estaba la estación al aire se oían chasquidos y ruidos atmosféricos, que se interrumpían cuando entraba la señal portadora.

Así, en ese momento ya supieron que había entrado la portadora y le hicieron la seña al locutor López Méndez para que siguiera adelante. Fue entonces cuando el Vate dijo muy simpático: "Bueno, nos salimos del aire un momento probablemente por una falla de la energía eléctrica", y siguió hablando.

Luego de presentar el número musical, entró Genaro Martínez a la cabina y le explicó al Vate: "¿Qué crees que pasó? Allá en la planta está el ingenierito, como le llamas, y él fue quien cambió el bulbo al transmisor y lo sacó al aire". "¡Qué barbaridad!", comentó el Vate López Méndez.

Después, cuando volvió a tomar el micrófono corrigió y dijo: "No fue una falla en la energía eléctrica, sino una falla en nuestras plantas transmisoras. Pero nuestro ingenierito la pudo resolver y estamos de nuevo en la XEW con ustedes". No dijo, claramente por protección, quién era el ingenierito, para que no se supiera que un niño de ocho años estaba de operador en la noche, pues la Secretaría de Comunicaciones habría multado a la W.

¡Cuántas veces habrá contado esta anécdota el Vate López Méndez, que en cualquier momento la sacaba! Él era muy exuberante en su forma de hablar, medio gritón y con un acento yucateco que siempre le salía cuando estaba animado o emocionado; en cambio, cuando estaba frente al micrófono dirigiéndose al público no se le notaba el acento, pues hablaba muy correctamente. Era simpatiquísimo.

¿En qué consistía la operación de la planta?

El edificio era de dos pisos: en la parte alta estaba el transmisor; en la de abajo, el transformador de alto voltaje. En 1932-1933, en medio del salón donde estaba el transmisor de 5 000 watts —en 1934 llegó el equipo de 50 000 watts, o sea 10 veces más potencia, que instaló mi papá y convirtió a la XEW en la estación más poderosa de Latinoamérica—, había un escritorio de madera común y corriente, sobre el cual estaba montada una consola de control, en la que era necesario cotejar que las lecturas de las medidas fueran las correctas.

La consola contaba con un tablero central con los interruptores de puesta en marcha y corte —dos de palanca y dos de botón—, por medio de los cuales se podía apagar o cortar el alto voltaje, en caso de alguna emergencia —que fue lo que yo hice primero—. A la derecha de la consola de control había un radio adaptado para oír nada más la XEW, a fin de saber la calidad del programa; del lado izquierdo estaba otra cajita con un medidor de decibeles, el cual marcaba el porcentaje de modulación para que no se pasara del 100 por ciento; por ejemplo, yo debía estar al pendiente de si alguien gritaba en algún programa y se sobrepasaba el volumen, pues la potencia del transmisor subía tanto que se podía arquear, es decir, producirse un arco eléctrico en la antena, provocando una descarga de alto voltaje. Se puede hacer un arco entre uno de los circuitos de alta tensión y tierra o en la propia antena; en la línea de transmisión o en la propia antena. Y si ocurre un arco de esos se exceden las corrientes normales y corre riesgo el equipo. Por eso inmediatamente tenía que cortar el alto voltaje, pero vigilando que la aguja que marcaba los decibeles no se pasara del 100, y de ser así entonces bajarle.

Después de muchos años, este control manual se cambió por sistemas de control automático de ganancia, que son los amplificadores llamados *limitadores*; los primeros fueron de la General Electric, en 1939.

El caso es que me dio gusto escuchar al Vate López Méndez decir: "Nuestro ingenierito en la planta cambió el bulbo y resolvió el problema". Más tarde, cuando llegó mi papá, le expliqué lo que había pasado y dijo: "Sí, qué bueno" y se puso a operar la consola, porque la estación cerraba a las 11:00 de la noche en esa época, y yo me fui a la casa a cenar.

Eso quiere decir que a los ocho años, aunque no entendía yo en detalle el funcionamiento de la radio, sí dominaba la dinámica de operación. Es como un chofer que no tiene conocimientos de combustión ni de cinemática, ni de dinámica, pero sabe manejar un autobús y no se estrella, si es razonablemente bueno. Ese tipo de conocimiento práctico ya lo manejaba yo. Tan es así que en las mañanas, cuando el operador no llegaba a cierta hora, el señor Piña me mandaba decir con el mozo de la puerta que vigilara yo la consola.

Además, evidentemente, estaban interesados en que yo estuviera activo, lo cual me cayó muy bien porque me sentía útil y aprendí un montón de cosas muy divertidas; por ejemplo, a operar un transmisor y el transformador de alto voltaje, de 15 000 volts, y todo el equipo de fuerza, transformadores, dinamos, porque en ese tiempo el voltaje de filamentos

—que es un voltaje bajo en el caso de los bulbos finales del transmisor— era de corriente continua y no alterna.

El voltaje de filamentos consiste en que los bulbos tienen adentro un filamento que se pone al rojo blanco (2 000 °C). En general, en todos los bulbos es muy bajo el voltaje (en éstos era de 22 volts), pero alta la corriente (como de 50 amperes). En la planta se usaba un motor eléctrico para mover un generador de corriente continua, que daba el voltaje necesario para encender los filamentos. Era importante que fuera corriente continua porque de otra manera el zumbido de la corriente alterna de 50 hertz —en aquel tiempo— se hubiera metido en la transmisión; en cambio, así, no había ninguna variación en el calentamiento.

A propósito de las fallas en la W, encontré en la casa un documento sensacional porque allí se describe con todo detalle la serie de fallas e interrupciones que hubo durante un mes de 1935-1936 en la XEW: "De tal a tal hora hubo una interrupción de tres minutos; causa: la línea telefónica. De tal hora a tal otra, una interrupción por falta de energía eléctrica…", y así todo un mes. El informe está firmado ni más ni menos que por Raúl Cárdenas Pinelo, que era el hermano menor de Guty Cárdenas, el gran compositor mexicano a quien mataron en un pleito de cantina en 1932. Su hermano Raúl se interesó en la radio y entró como operador de la W. Era un tipazo, joven, debe de haber tenido veintitantos años...

Hay otra anécdota curiosa de aquella época que me contaba un operador del estudio llamado Carlos Contel —hermano menor de don Enrique Contel, quien fue gerente de ventas de la W—. Carlos controlaba en primera fase el volumen que el estudio mandaba a la planta para evitar la sobrecarga, ajustar el porcentaje de modulación para que estuviera alto, pero no excesivo. Me acuerdo de que si a las 8:30-9:00 p.m. no llegaba mi papá y a mí me daba sueño, cogía yo el magneto —es decir, el teléfono de manivela—, le hablaba a Carlos Contel y le decía: "Oye, Carlos, cuéntame un cuento porque me está dando sueño"; entonces él inventaba un cuento y me lo contaba padrísimo.

Y ahí estábamos pegados al teléfono, que era una columna vertical con el micrófono arriba, al que se le hablaba, y a un lado el auricular, que se levantaba y se ponía en la oreja, con una horquilla donde se colgaba. Era de ésos que salen en las películas de *Los Intocables*. Por cierto, conseguí uno igualito en La Lagunilla.

En esa casa de la W viví hasta los 23 años que me casé, el 21 de octubre de 1949.

La vida como escuela

Prácticamente toda la niñez, de los seis años y hasta los 12, la mayor parte de mi contacto con el mundo fue a través de los amigos de mi papá, unos señores que se dedicaban a hacer cosas sensacionales y me tenían fascinado. Entre ellos estaba, por ejemplo, Fernando Proal, quien en ese tiempo era coronel de aviación. Cuando él llegaba a la casa con mi papá, yo sólo oía hablar de aviones, de éstos o aquéllos, de los problemas que se le presentaban cuando ensayaba un avión…

Ah, porque aquí en México fabricábamos aviones de todo a todo, desde echarle fierro fundido a un molde a fin de sacar los cilindros, tornearlos y maquinarlos para hacer el motor, hasta forrar las alas de madera; todo, completitos. Tengo fotos. Los fabricaba en Balbuena el grupo de la Fuerza Aérea Mexicana, donde había dos o tres ingenieros y cinco o seis pilotos famosos, como el que se mató yendo de regreso a Washington, en el río Potomac; fue allá donde se supone que le echaron algo en la gasolina, porque despegando apenas del aeropuerto de Washington se cayó el avión, por lo que siempre se pensó que le jugaron una mala pasada.

Otro amigo era el doctor Teodoro Flores Covarrubias, un excelente médico de diagnóstico. Cuando estaba en la casa, era momento de platicar de medicina. Este médico visitaba mucho a mi papá porque quería desarrollar un electroencefalógrafo; como se trataba de electrónica mi papá entraba al quite y le enseñaba al doctor Flores.

Y cuando se presentaba en casa el mayor Juan Buchanan, pues era para platicar de radio, o cuando iba otro amigo muy querido que se apellidaba Madrigal se ponían a hablar de discos, de los últimos de la RCA.

En fin, yo siempre estaba fascinado con la plática de los mayores, pues como ya comenté no había niños cerca. Además, nunca dejé de trabajar como encargado de la herramienta y esas tareas que me mantenían ocupado e interesado en los asuntos de los mayores.

Recuerdo a mi abuelita ocupada en los quehaceres de la casa, mientras mi papá trabajaba básicamente en cuestiones de radio y yo andaba por ahí con mi martillo y mis clavos, pues me gustaba clavar en las maderas. Alguna vez me deben de haber llevado al cine a ver una película de aviones, porque cogía yo dos pedazos de madera muy resinosos, de ésos que se usaban para ayudar a prender el fuego en la cocina, los clavaba en cruz y formaba mi avión, con el que iba de aquí para allá. Por supuesto que no fui a una guardería, ése es un invento moderno.

Por otra parte, desde los siete u ocho años aprendí a contar y a leer. Desde luego, me gustaba leer y tenía algunos libros que todavía conservo. Uno de ellos se llamaba *Ciencias físicas y naturales*, de Mario Leal. Ese libro me lo sabía casi de memoria porque lo leí varias veces y me gustaba mucho.

Incluso, como a los ocho o nueve años aprendí a escribir a máquina. Eso se lo debo a Gustavo Santibáñez, el primer operador de la W, otra persona a la que quería mucho. Había sido radiotelegrafista de El Cañonero Bravo, uno de los pocos barcos de guerra mexicanos en el tiempo de la Revolución. En ese entonces mi papá tenía como 30 años y él 45. Una vez me dijo: "Mira, si quieres pedirle algo a los Reyes Magos debes aprender a escribir a máquina, porque de otra manera no te podrán entender". Le pregunté: "¿Pero cómo les escribo?" Me dijo: "Escríbeles así: Queridos Reyes Magos: Melchor, Gaspar y Baltazar, dos puntos…". Les pedí un mecano. No sabía ni lo que era eso, pero Gustavo Santibáñez me sugirió: "Pide un mecano, es un juguete en el que tienes una serie de barras perforadas, tornillos, poleas, placas y puedes hacer grúas, puentes, cualquier aparato complicado". Y recibí fascinado mi mecano, el número tres. A lo mejor en un baúl que aún está en la casa con recuerdos de mi abuelita, de mi bisabuelita y probablemente de mi papá, hay alguna de estas cartas que escribí.

Qué forma tan original tuvo Gustavo Santibáñez para meterme en la cabeza que debía aprender a escribir a máquina, lo cual se lo agradezco infinitamente. A él no lo quería José Piña quizá por envidia, porque aquél tenía licencia de radiotelegrafista de primera, mientras éste no pasó de sexto de primaria, aunque se hizo radioaficionado para sacar su licencia. El caso es que ambos fueron dos de mis maestros.

No había colegios cerca de la casa, y como mi papá no era amigo de la escuela primaria, decidió que lo que yo necesitaba aprender me lo enseñaran mi tía y mi bisabuela, quienes habían tenido oportunidad de recibir educación formal. Era impresionante la cultura general de mi papá, quien sólo llegó a sexto año; de mi tía, que terminó la secundaria, y de mi abuelita, la "leida y escrebida" de la familia. Mi tía había ido al Colegio Francés, aquí en México, hablaba excelente francés y estaba muy bien educada a nivel secundaria, que entonces era como el doctorado ahora, por lo que he podido ver con mis compañeros a quienes les hago preguntas y no saben nada de nada.

Mi tía, por ejemplo, enunciaba todos los ríos importantes del mundo, empezando por el Amazonas, el Misisipi, el Río Grande; todos los que pasan por las ciudades más importantes de Europa, el Sena, el Danubio... En fin, ella sí se acordaba de todos, no como yo.

Recuerdo que a mi papá lo oí recitar por lo menos 10 poesías diferentes, completas y de memoria, en cualquier momento de la vida; así que si por algún motivo salía a la conversación "Los motivos del lobo" de Rubén Darío, él empezaba a recitar y si no lo paraban se la echaba completa. Quiero que ahora alguien me recite algo, aunque sean 20 palabras seguidas; nadie sabe ni la letra de una canción. Entonces, el aprendizaje mnemotécnico, que tanto se discute ahora que es malo, era mejor que el no-aprendizaje que prevalece en la actualidad, porque tampoco me consta que enseñe a pensar.

Yo sabía un poco de geografía y algo de historia al nivel de cualquiera de sexto año. Por otra parte, mi papá contrató a una maestra que se llamaba *miss* Mary, quien vivía en Tlalpan; ella tomaba el tren, se bajaba cerca de la planta y me daba clases de inglés, de dibujo y de todas las demás materias, aunque sin un plan preciso. Y también asistía yo en forma regular a las clases que tomaban mis amigos allá en la hacienda, con profesores que les contrataban sus padres. A leer, escribir y contar, me enseñaron mi tía y mi bisabuela, así como lo elemental de historia.

Sin embargo, nunca cursé la primaria como la lleva cualquier niño en la forma usual. Yo creo que no me hizo ningún daño no haber ido a la escuela; en cambio, puede ser que haya sido de mayor provecho para mí estar más en contacto con gente grande, lo cual fue muy bueno.

Mi papá pensaba que ir al colegio era ir a aprender malas mañas y a perder el tiempo, desde el punto de vista de la eficiencia del aprendizaje. Me parece que él tenía toda la razón. La peor eficiencia que hay es la que se desarrolla en las escuelas.

La primaria, como de rayo

El culpable de que yo estudiara fue el señor Vélez, quien como ya dije era gerente de la XEW e iba de vez en cuando a la planta con su hijo Othón, que era mi cuate; a veces nosotros también íbamos a su casa en la Guadalupe Inn, porque era muy amigo de mi papá, además de ser su jefe.

Total, que un buen día llegó el señor Vélez y le dijo: "Oiga, Herrán, usted tiene que llevar a Pepe a la escuela, porque si no, no va a tener el certificado de primaria y ya no se puede vivir como usted, despreciando los certificados. Ahora las cosas son diferentes".

Mi papá no tuvo más remedio que acceder. Así que un día los dos —mi papá y el señor Vélez— me plantaron en el Colegio Franco Español, que estaba ahí en donde ahora es Plaza Inn y había sido la ex hacienda de Guadalupe Inn, en un terreno que corría desde Insurgentes hasta Revolución; entonces, era un colegio padrísimo, el más grande del mundo que yo he visto, con tres campos de futbol completos, una alberca olímpica y huertos.

El director, a quien le decíamos de cariño el Mico —que era un español muy simpático, de quien se me escapa su apellido—, me preguntó: "A ver, muchachito, dime un río de la República Mexicana". "El Río Bravo", respondí. "A ver, dime otro", preguntó de nuevo. "El Pánuco", contesté. Total que ahí le paró, y dijo: "Yo creo que está bueno de una vez para entrar a sexto año". Así le dijo a mí papá.

Automáticamente todos los años anteriores no contaban. No hubo ninguna pesquisa de mi pasado, por lo que al terminar sexto me darían mi certificado, a los 12 años.

Supongo que ya había hablado el señor Vélez con el director y le había dicho que yo nunca había ido a la escuela, pero sabía lo suficiente para ser aceptado.

Así fue como entré a la famosa escuela, en la que en varias materias sabía más que los demás, pero en otras no sabía nada. El sexto año me costó trabajo porque no me entendía con mis compañeros. Toda mi niñez de los seis años en adelante y hasta los 12, cuando fui a parar al Franco Español, mi mayor contacto fue con los amigos de mi papá. Y de pronto, me meten a la escuela con una bola de escuincles que no tenían idea de lo que yo sí sabía, pero que estaban muy enterados de lo que yo ignoraba completamente; que hablaban —según yo— de puras babosadas y de pleitos. Por lo mismo, siempre fui muy solitario en la escuela.

De hecho, en sexto año fui un pésimo estudiante. Creo que era una buena escuela porque yo estaba entre los tres últimos lugares, de los 40 que éramos, y nunca fui el último porque ese lugar siempre me lo ganó Gabriel Costa, uno de mis mejores amigos, por cierto un catalán que no podía pronunciar la "c" y como se apellidaba Costa siempre decía "Osta", por lo cual todo mundo se burlaba de él.

Lo más alto a lo que llegué fue un día que mi amigo Lalo Morfín y yo nos propusimos estudiar y llegamos hasta segundo lugar. No podía llegar a ser el primero por lo que pasa en todos los grupos: había el preferido, que se llamaba Pedro Moreno, quien era el primero en todo, el consentido del maestro Francisco Monroy, que nos daba todas las clases excepto inglés. Por cierto, era un maestro excelente al que queríamos mucho; no dejaba de ser un regañón y un gritón de lo peor, pero era un tipazo con una imponente presencia.

Tenía maestros españoles, franceses y, por supuesto, mexicanos. Había unos refugiados excelentes, entre ellos el maestro Agustín Mateos, de quien me acuerdo mucho; era un filósofo que nos recomendó un libro sobre historia de la filosofía que aún tengo ahí y lo abro a cada rato; y el maestro Jiménez, que nos daba Matemáticas. Varios de esos maestros sensacionales que me formaron en la vida eran refugiados de España.

Como decía, mi sexto año fue de altas y bajas, y ahí la fui llevando. Por una parte, la materia de Civismo me parecía una lata, sólo para ir a perder el tiempo, igual que Deportes. Entonces durante las clases de Civismo me la pasé arriba de los árboles, pues a mí me encantaba subirme a ellos, y había muchos en el Colegio Franco Español, porque fue una hacienda. Grandes y preciosos árboles frutales, sensacionales, se ubicaban al lado de un río que ya está entubado, pero que entonces todavía corría hasta la presa de Tarango, arriba de Las Águilas.

Por otra parte, en Geografía y Astronomía sabía yo más que el maestro. Además, como dibujaba muy bien, empecé a trazar los retratos de todas las chicas (el colegio era mixto) y me hice amigo de ellas, tanto que me traían muy mimado. Aunque eso me causaba muchos odios entre los muchachos de la escuela, hice un par de amigos de toda la vida como Eduardo Morfín y Gabriel Osta —de quienes ya hablé—, aparte de dos o tres más, entre ellos André Gerard, un muchacho que llegó ya entrado el año; él era francés y estaba aprendiendo español, pero como era muy listo en un mes ya hablaba perfecto nuestro idioma.

En secundaria seguí siendo flojo. En varias materias andaba muy mal. Por ejemplo, en Matemáticas estaba en la calle, en Civismo, como ya dije, ni iba porque me la pasaba trepado en los árboles junto al río. Dos amigos y yo nos íbamos de pinta río arriba hasta la presa de Tarango y luego regresábamos. ¡Eran unas divertidas! Por supuesto, me ocasionaban muchas faltas y por eso andaba yo debatiéndome entre el penúltimo y antepenúltimo lugar de la clase.

En primero, volvió a darnos clase el querido maestro Monroy, el mismo de sexto de primaria, pero además ya teníamos un maestro para cada materia. Ramón Gómez Maza, un maestro excelente, nos daba Química; de él me acuerdo claramente, pues fue de esos maestros con los que te iluminas; me aprendí perfectamente la nomenclatura química, porque era apasionante oírlo dar clase. En cambio, en Física no tuve un buen maestro; ni me acuerdo de quién era. Pienso que del maestro depende que odies o ames la materia.

En esa época los maestros dictaban y nosotros escribíamos en nuestras libretas de apuntes de cada materia. Aunque en secundaria era casi puro dictado, además llevábamos dos o tres libros de texto. Aparte, tenía un libro excelente desde mucho antes que se llamaba *Ciencias físicas y naturales*, de Mario Leal, del que ya hablé; me lo regalaron cuando cumplí siete años, y era una versión como para los primeros años de primaria. Luego había otro libro que se llamaba igual, pero era más avanzado, para sexto año, y me lo sabía todo porque lo había leído por lo menos tres o cuatro veces; ahí encontraba desde física y química, hasta botánica y zoología, de manera que sabía de animales, vegetales, del cuerpo humano, de todo. Por ahí lo tengo aún, es un excelente libro. Entonces en esas materias estaba al día, y ya los maestros ni me hacían caso.

Figura de escuela

¡Ah, mi vida! ¿Cómo era mi rutina de vida en la secundaria, a los 13 años?

Pues en la mañana para ir a la escuela cogía el tranvía con mi abono —había abono en ese tiempo— desde donde vivíamos en Calzada de Tlalpan y me bajaba en Churubusco; tomaba el Coyoacán y, llegando allá, agarraba el San Ángel y me bajaba en el monumento a Álvaro Obregón, sobre Insurgentes, y me iba caminando al Colegio Franco Español, que estaba a cuatro cuadras. Allí estaba de 8:30 a 12:30, y a la una y pico llegaba a la casa a comer; luego cumplía alguna tarea en la tarde. Y al rato tenía que regresar a la escuela, por lo que volvía a subirme al tranvía más o menos a las 2:45 para llegar a las 3:30, y salía a las 5:30; eran dos clases por la tarde, de lunes a viernes. Así que, aunque las tareas sí las hacía en casa, estudiaba siempre en el tranvía porque el viaje duraba más de media hora.

Saliendo de la escuela caminaba a la avenida Revolución, cogía el tranvía de San Ángel ¡y vámonos al centro, a la pista de patinar! Mi papá estableció que me fuera a patinar lunes, miércoles y viernes de cajón, y yo feliz. Él fue muy buen patinador de niño, y me contaba cómo saltaba y practicaba suertes con sus amigos en la alameda de Santa María. De ahí su entusiasmo por los patines.

Yo había aprendido a patinar por ahí de los ocho o nueve años, cuando iba con mi papá los domingos a una pista de cemento al aire libre que estaba en Chapultepec. Después, creo que en 1938 abrieron una pista de patinar en la calle de José María Iglesias, al lado del Frontón México, frente al Monumento a la Revolución. Y ahí íbamos. Como le encantaba el patinaje a mi papá, él me enseñó que esto no era nada más ir corriendo como menso, sino que se podía ir hacia atrás, o al compás de la música o hacer figuras.

Incluso empezó a comprarme libros de patines —ya ven que los estadounidenses publican libros para todo— y una colección de libritos delgaditos —por ahí la tengo guardada— que salían cada mes sobre los campeones del mundo, muchos de hielo y pocos de ruedas. Los míos eran de ruedas. El caso es que fui aprendiendo las figuras de escuela cuando abrieron ya aquella pista de madera, techada, exclusivamente para patinar.

Patinábamos de 6:30 a 8:30, nos íbamos a cenar cualquier cosita a un restaurante que había junto y se llamaba Colón, pero no estoy seguro, con los patines puestos porque eran de bota; luego nos regresábamos a la pista y generalmente a las 10:00 de la noche arrancábamos ya para Coapa, llegábamos a las 10:30 a la casa y me acostaba. Como eran tres horas de patinaje tres veces a la semana, más sábados y domingos, en un año llegué a ser un buen patinador; me sabía las figuras y toda la técnica, porque es como tocar el piano, ni más ni menos.

Generalmente dejaba los patines en la pista para no andarlos cargando, pero en ocasiones me los llevaba a la casa, para aceitarlos o cambiarles agujetas, y muchas veces a la escuela para patinar. Ahí una vez me vio el director —el Mico— y me dijo: "Caramba, muchachito, si usted patina muy bien". "Sí, maestro, estoy estudiando las figuras de escuela". "¿Pues qué hay figuras de escuela?", preguntó. "Sí, hay toda una secuencia a base de ochos en los que se hacen 32 figuras de escuela, que son necesarias para figurar en un concurso".

Y es que para las competencias internacionales lo mínimo que se debe ejecutar son 32 figuras de escuela ante jueces que califican cada una; aquí en México más o menos se copió eso. Entonces, hay 32 figuras de escuela, que son estos ochos, y tienes que ejecutar cuatro veces cada una de las figuras, o sea 32 en total, y luego vienen cinco minutos de patinaje libre, durante los cuales cada patinador presenta las figuras que ha inventado: gira, salta o brinca…

Bueno, pues todo eso medio se lo dije al director, quien comentó mientras se acariciaba la barba (me acuerdo muy bien): "Sería muy bueno instalar una pista de patinar". Todos los compañeros que estaban alrededor escuchándolo exclamaron: "¡Sí, maestro, hágala! ¡Bravo!". En fin, un gran escándalo. Como ya dije, era una escuela muy grande, con tres canchas de futbol y una alberca olímpica, y aún sobraba espacio frente a la avenida Insurgentes.

El caso es que allí mandó construir una pista circular al aire de unos 15 metros de diámetro y con cierta pendiente, o sea era cóncava, de manera que en la orilla se podía patinar más aprisa que en la parte horizontal. ¡Una pista de patinaje que prácticamente me la hizo a mí porque era muy buen patinador!

Claro, el día que se terminó la pista y se secó el cemento, me convocó para inaugurarla. Así pues, como me tocaba estrenar la pista, ya había practicado mi rutina con música, una pieza que me gustaba mucho: *¡La leyenda del beso!* No es un vals porque es de dos tiempos no de tres, pero me encantaba y se prestaba para inaugurar la pista de patinaje, y la tenía en un disco RCA Victor Sello Rojo. O sea, diseñé mi programita con música, como lo hacen todos los patinadores, y me vestí con un traje azul. Entonces, ahí tienen a la escuela entera, todos recargados alrededor del barandal de la pista.

Total, pues todos me chiflaron cuando empezó la música y entré a la pista. Comencé a dar la vuelta para atrás, al compás de la música, y se burlaban de mí todos los muchachos, mientras las chicas aplaudían. Luego de hacer mis evoluciones al ritmo de la música, me fui al centro y allí me eché un molinete de alta velocidad, porque entró esa parte de la música muy buena para eso —yo era buenísimo para los molinetes, donde se dan vueltas muy rápido, se encogen los brazos y se acelera angularmente—. Y ahí sí fui aplaudido por todos. Al final hice una caravana y me salí.

Ésa fue la inauguración de la pista del Colegio Franco Español, creo que en 1937-1938, cuando iba en segundo de secundaria, porque fue por esos años cuando se organizó un campeonato en la pista de José María Iglesias y lo gané.

Después fui Campeón Nacional de Patinaje de figuras en México en 1940 o 1941, cuando tenía 15 años y estaba ya en prepa. Competimos 14 o 15 patinadores, casi todos del Distrito Federal porque en los estados no manejaban las reglas internacionales para las competencias de patines. En aquella época no había ni un reglamento ni un organismo gubernamental en este deporte, así que entre los propios patinadores y los dueños de la pista de José María Iglesias —los Beckman— organizaron el campeonato y pidieron el aval de las autoridades deportivas. Éstas dieron unas medallitas insignificantes y mugrosas; ni la de oro ni la de plata eran de esos metales, sólo la de cobre; y ni siquiera les grabaron los nombres de los ganadores, nosotros se los tuvimos que poner después de recibirlas. También nos firmaron un diploma. Por ahí debo de conservar tanto la medalla como el diploma guardados en un baúl.

En patinaje libre, los mejores en México a nivel internacional éramos unos cinco. Yo volaba a dos muchachas; es decir, mientras giraba, cogía a una muchacha de las manos, y con la misma velocidad ella metía las piernas y se agarraba de mi cuello, yo soltaba sus manos y quedaba sosteniéndola a ella con la parte posterior del cuello, volando mientras daba de vueltas; luego, mientras seguía girando y volando la primera chica, tomaba a la segunda con las manos y ella se me colgaba de la cintura. Así es como volaba a dos a la vez; creo que por eso me lastimé la espalda, porque nunca me caí ni me lesioné, pero seguramente forcé la espalda más de la cuenta. Conservo películas de eso; mi papá me sacó una película de 16 mm y creo que también grabó el día del estreno de la pista, pero habría que buscarlas.

Ya con ese campeonato nacional, participé luego en uno internacional en San Antonio, Texas, donde quedé en segundo lugar.

Aparte del patinaje, también fue en prepa cuando empecé a ser más o menos buen estudiante, ahí mismo en el Colegio Franco Español (que se volvió militarizado cuando estalló la Guerra Mundial). Creo que desde que entré a primero de prepa, porque fue entonces cuando conocí a mi primera esposa, la mamá de mis hijos. Fue en el primer día, porque cuando estábamos inscribiéndonos vi a dos chicas, una morena y una rubia, que eran muy amigas: Matilde, la morena, y Beatriz Gleesen, la rubia, una danesa que acababa de llegar a México. A partir de ese momento nos hicimos muy amigos porque era un grupo muy pequeño; éramos sólo siete los del bachillerato de ciencias físico-matemáticas: dos íbamos para ingeniería mecánica y eléctrica, tres para ingeniería civil y dos para ingeniería química, una de ellas era Matilde del Río Portillo. Su papá venía de Tabasco, y su abuelo había llegado de Cuba. Su mamá, Dolores Portillo de Del Río, venía de Guanajuato. En contraste con mi familia, donde yo era hijo único, ella tenía nueve hermanos, cinco mujeres y cuatro hombres, que iban también en el Colegio Franco Español pero eran muy flojos todos; la única que estudió la carrera completa fue Matilde, quien se recibió de química farmacéutica bióloga en la Facultad de Química de la UNAM, lo que le llaman QFB.

2 Juventud

José de la Herrán se adentra en el mundo del sonido desde sus entrañas tecnológicas, gracias a la poderosa influencia de su padre. Como un participante apasionado, nos ofrece un panorama acerca de la evolución que experimentó la grabación, reproducción y transmisión de audio desde sus inicios, a través de estampas personales sobre la industria discográfica, los fabricantes de reproductores, la radio y la calidad del sonido, e incluso sobre los protagonistas de esta historia, tanto desde la parte técnica como desde la de los artistas legendarios con quienes se nutría ese universo sonoro.

Transitar por este escenario provoca que escuchar hoy un disco o la radio adquiera una nueva dimensión, pues nos permite entender toda la serie de avances que se encadenaron para hacer aquello posible.

El sello de los viajes

En 1938, mi padre me llevó a un viaje en el que conocí varias ciudades de Estados Unidos. Fue muy importante en mi vida porque desde entonces se nos disparó —por lo menos a mí, pero creo que a mí papá también— la pasión por los telescopios. Como viajamos entre noviembre y diciembre de ese año, cumplí 12 años justo cuando estábamos en Nueva York, luego de recorrer la carretera México-Monterrey-Laredo y pasar por San Antonio, Memphis, Nashville Louisville, Cincinnati, Washington, Baltimore, Philadelphia hasta llegar a Nueva York, entrando por Holland Tunnel y acabar en el hotel Taft, que ya no existe.

De inglés sabía sólo lo que le enseñan a uno en la escuela (que si pizarrón se escribe *blackboard* y cosas por el estilo, o sea, casi nada), aunque entendía un poco. Y como iba con mi papá, ni me enteré si pedían visa en esos años para entrar a los Estados Unidos.

Antes, en junio-julio de 1936 ya habíamos ido hasta Nuevo Laredo, Tamaulipas, porque don Emilio Azcárraga Vidaurreta le había ordenado a mi papá que fuera a supervisar el control remoto que realizaría la XEW sobre la inauguración del puente de Laredo a Nuevo Laredo, a la hora en que el presidente Lázaro Cárdenas cortara el listón. Como se trataba de una ceremonia muy importante, el señor Azcárraga quería que no hubiera fallas.

En ese tiempo todo era en vivo, no había grabaciones; te salía o no a la primera, y nada de que "hay que repetir porque no me salió". Entonces el artista tocaba bien o quedaba desprestigiado, y lo mismo los anunciadores si metían la pata. Aquella vez viajamos en el Lincoln de don Emilio, a quien acompañamos mi papá, Ricardo López Méndez el "Vate" y yo.

Como ya dije, dos años después nos fuimos en un Ford 38 mi papá y yo solos, por la misma carretera que recorrimos en 1936 desde la Ciudad de México hasta la frontera, pasando por Pachuca, Ixmiquilpan, Tamazunchale, Jacala, Ciudad Valles, Ciudad Victoria, Monterrey y Nuevo Laredo. Era un viaje pesado porque existían tramos de aquí a Ciudad Victoria con una cantidad impresionante de curvas.

En Estados Unidos nos detuvimos en Nashville y Louisville, porque en esas ciudades había importantes estaciones de radio. En Cincinnati, hicimos escala en la WLW, la estación más poderosa de Estados Unidos en aquel momento.

En cada una de ellas el trabajo de mi papá era hablar con los ingenieros encargados de las estaciones. Como casi todos los transmisores de aquella época en Estados Unidos eran RCA Victor (Modelo 50B) de 50 000 watts, como el de la XEW, don Emilio le había escrito a la RCA para que le mandaran a mi papá el nombre y la dirección de cada ingeniero de las estaciones que estaban en nuestro trayecto. Con estos datos, mi papá le escribió a cada uno de ellos para informarles que íbamos en tal fecha. Así que al llegar, ellos estaban esperándonos y nos atendieron maravillosamente.

Un hecho muy lamentable cuando regresamos a Nashville para saludar al ingeniero que conocimos poco antes fue enterarnos de que éste había muerto: se puso a arreglar su coche en un garaje cerrado y se acumuló el monóxido de carbono, que es un gas venenoso; le dio sueño, cerró los ojos y ya no los abrió. En ese tiempo, sobre todo los ingenieros, ajustábamos por nuestra cuenta nuestro coche porque los motores eran accesibles; ahora abres el cofre y todo está cerrado, se requieren llaves especiales y no entiendes nada. Los fabricantes de carros, como parte del negocio, se han preocupado para que los dueños no los puedan arreglar.

La misión principal de mi padre consistía en reclamar a la General Electric una docena de bulbos que no habían durado la vida de garantía,

5 000 horas, sino sólo de 1 500 a 2 000. Esos bulbos —tipo 862, triodos, enfriados por agua— costaban cada uno 1 200 dólares de aquella época.

Así que en 1938 la XEW ya acumulaba más de una docena de bulbos que no habían vivido lo necesario, y mi papá llevaba toda la documentación para reclamarlos oficialmente a la General Electric. En ese tiempo, el transmisor de la W usaba un par de esos grandes bulbos y ya funcionaba 18 horas diarias; como los bulbos se cambiaban cada tres o cuatro meses, dado que el equipo se había inaugurado en 1934, ya eran cuatro años de reclamaciones.

Finalmente, la General Electric repuso en bulbos nuevos las horas que habían quedado pendientes, lo cual equivalía a unos 14 000 dólares, conque el viaje se pagaba casi gratis. ¿Saben cuánto costaba el Hotel Chisca de Memphis, Tennessee? No era un hotel de quinta, sino de primera en el centro. Ahí tengo la factura de una noche: 5.95 dólares.

La verdad, para mí ese viaje resultó muy importante. Era la primera vez que salía de México y me impresionó mucho todo lo que vi. En Filadelfia visitamos el planetario y el Museo de Ciencia del Franklin Institute, que es maravilloso. A mí me cambió la vida ese museo y me abrió los ojos de todo lo que pueden aportar esos espacios. En Nueva York conocimos el planetario Hayden —que acaban de modernizar hace unos años—, donde nos enamoramos de la astronomía. De allí traje un libro *Unveiling the Universe*, con el que aprendí inglés nada más de estar leyendo los pies de foto; tenía muchas fotos impresas y muy poco texto, pero las fotografías dicen más que los textos, y gracias a eso aprendí lo suficiente para leer inglés. Por otra parte, el señor Madrigal ya le había dado a mi papá información acerca de cómo construir telescopios, proyecto sobre el que luego abundaré.

Balbuceos de la radio

¿Tienen idea de cuál era el escenario que existía en ese mundo de sonidos de los años treinta del siglo XX, en los inicios de la radio, los discos y los fonógrafos? Alrededor de 1933, en México contábamos con apenas unas cuantas emisoras de radio. Estaba la XEN, la estación de la ópera, manejada por el ingeniero Salvador del Conde (aunque todos eran ingenieros hechizos porque nadie tenía título, no existía una carrera donde se pudiera obtener el título de ingeniero en radiocomunicaciones). Funcionaba la XEB, desde luego, que era la decana de las estaciones de radio existentes, y también la XEFO, la emisora del Partido Revolucionario Institucional —que se llamaba todavía Partido Nacional Revolucionario. Su transmisor estaba en el camino antes de llegar a la XEW, cuya planta se ubicaba en la Calzada de Tlalpan 3000, como señalé al inicio. Entonces ya transmitían varias más, entre ellas la XEYZ, pero según recuerdo por lo menos cuatro radiodifusoras transmitían regularmente, en general por las tardes. Se suponía que en la mañana nadie tendría tiempo para oír la radio; las señoras que no trabajaban estaban en sus casas, tal vez haciendo la comida.

En cuanto a la reproducción casera de audio a base de discos, después de los discos que se produjeron antes por medios mecánicos, en los años treinta se empezaron a grabar eléctricamente.

Sin duda, resultó una novedad poder escuchar en casa —con buena calidad y buen volumen para la época— las obras maestras y populares, privilegio que gozaban contadísimas personas; en primer lugar, porque la radio apenas comenzaba a desarrollarse hasta lo que sería en el futuro, y aparte por la lejanía que supone asistir a los conciertos del Metropolitan Opera House, a la Ópera de París, entre otros. Poco tiempo después se podría acudir al Palacio de Bellas Artes, que se inauguraría en 1934. En consecuencia, la mayoría de la población no tenía la oportunidad de escuchar las obras musicales de calidad de todos los tiempos, tanto populares como clásicas, más que a través de los discos.

En ese sentido, en los años treinta el desarrollo tecnológico hizo posible comenzar a grabar a los artistas mexicanos, que concurrieron principalmente a la Columbia y a la RCA Victor, en los Estados Unidos, donde se instalaron estudios adecuados para grabar sus interpretaciones en discos maestros metálicos, que después servían para la reproducción en serie de discos de pasta dura de 78 revoluciones por minuto (RPM); esto, antes de la segunda Guerra Mundial.

Por lo tanto, ya desde los años treinta y cuarenta surgió un gran interés por estas grabaciones, que se produjeron en cantidades considerables, tanto de grandes figuras mundiales como de autores e intérpretes mexicanos. Por mencionar sólo dos de ellos: Guty Cárdenas se dio a conocer en Estados Unidos como uno de los artistas exclusivos de Columbia, que grabó una cantidad importante de discos para la época con sus composiciones o interpretaciones de obras de otros músicos; y el Trío Garnica Ascencio, el primer trío mexicano que se hizo famoso a escala mundial porque sus discos grabados en la RCA Victor circulaban en todo el continente y en España. Nosotros recibíamos en México discos grabados en España, principalmente de Telefunken y Polydor, dos firmas alemanas que desarrollaron la capacidad de recibir en sus estudios a grupos o a artistas individuales.

Más tarde en México, la RCA Victor y la Columbia abrieron estudios para grabar a los artistas del momento. Si no mal recuerdo, el maestro Agustín Lara grabó sus primeras canciones en Peerless y Anfión, marcas que desaparecieron después, pero que tuvieron mucho auge en aquel tiempo en la Ciudad de México.

Dentro de este contexto, el público tenía dos opciones para escuchar la música de sus artistas favoritos en casa: la reproducción de audio a base de discos o mediante el radio o la radio. En aquel entonces, apenas empezaban a popularizarse los aparatos receptores de radio en el país y, como sólo un 30% de la población contaba con electricidad en la República Mexicana, principalmente en las grandes ciudades, resultaba relevante la reproducción de discos en fonógrafos de cuerda.

Para los años treinta, en síntesis, en México todavía había más fonógrafos de cuerda que radios por dos razones. Primera, aquéllos tenían 20 o 30 años de existencia y eran muy resistentes; la prueba está en que si los fonógrafos no se destruyen por mal trato, siguen funcionando. Y segunda, eran equipos totalmente mecánicos y en México aún no había electricidad en muchos lugares; además, el fonógrafo mecánico reproducía igual de bien que el eléctrico, con la única diferencia de que se necesitaba darle cuerda con una manivela. A los fonógrafos de cuerda se les llamaba así porque funcionaban, precisamente, con un motor de cuerda como el de los relojes de buró o de mesa.

Darle cuerda al reloj

Como antecedente, conviene explicar que los relojes grandes, como el de la catedral metropolitana y otros, dependen de unos contrapesos de 30 o 40 kilogramos para funcionar, al igual que los relojes de pared o de pie: unas pesas colgadas de unas cuerdas ejercen por efecto de la gravedad una fuerza que impulsa a la maquinaria,

> tanto a la sección de la hora como a la que toca las campanadas.
> Cuando los contrapesos llegan hasta abajo, es necesario volver a
> subirlos mediante una manivela. Así, "darle cuerda al reloj" signi-
> fica hacer girar la manivela para subir el contrapeso que cuelga
> de la cuerda. De ahí se derivó "reloj de cuerda", como se les llamó
> en términos generales a los relojes de bolsillo... Éstos últimos po-
> seen una espiral enrollada, de un acero muy elástico que conserva
> el brío, y cuando se termina de desenrollar debe girarse una perilla
> para enroscarla nuevamente, a fin de que se almacene la energía,
> de la que el reloj se sirve.

Por lo tanto, cuando salieron al mercado los primeros tocadiscos electromecánicos —o sea, con motor eléctrico y no de cuerda—, ya hacía 25 años que se grababan discos. Los discos surgieron casi con el siglo XX, a partir de su invención por parte de Emile Berliner, quien también patentó el gramófono. Con ellos Berliner ganó la competencia que sostuvo con Edison, quien desarrolló el fonógrafo, que funcionaba con cilindros de cera, de fabricación más costosa.

Los discos de pasta dura fueron universalmente la forma de grabar a partir de 1900, y eran de 78 RPM únicamente porque el motorcito de cuerda con el que trabajaba Berliner daba esa cantidad de revoluciones o vueltas por minuto. Y claro, el tono en el que se escucha la reproducción depende de la estabilidad de dichos motores. Los últimos discos de 78 RPM se grabaron por ahí de 1970, aquí en México. Por lo tanto, este sistema duró 70 años y todavía hoy se siguen escuchando.

En el mundo del sonido

Me adentré en el mundo del sonido cuando empecé a trabajar como ayudante de operador en la Cadena Radiodifusora Mexicana al cumplir 18 años, en 1943. Después pasé a ser radiotelefonista de tercera, luego de segunda y, cuando llegué a serlo de primera, ya con licencia, me convertí legalmente en el responsable técnico de la XEW ante la Secretaría, por lo que debía firmar todos los documentos legales para el funcionamiento de la estación.

En cuanto empecé como radiooperador de la XEW, en plena guerra mundial, mi papá y yo nos metimos de lleno en la reproducción de audio. Por esos años, 1943-1944, él me pasaba información de lo que se estaba desarrollando en los laboratorios. En especial, revisábamos un boletín que sigue siendo muy importante del Instituto de Ingenieros de Radio de los Estado Unidos —la IRE, que posteriormente se convirtió en el IEEE, el Institute the Electrical and Electronic Engineers—, que ha editado infinidad de publicaciones y que agrupa a 400 000 socios. A través de esas publicaciones y de los folletos de Westinghouse, General Electric o RCA, que llegaban a los estudios y a la planta de la W en los años cuarenta, a pesar de la guerra, nos enteramos de lo que estaban preparando esas grandes fábricas para cuando terminara.

Si bien en los años treinta en México aún existían más fonógrafos que radios, en la siguiente década el futuro apuntaba básicamente hacia la radio, donde la frecuencia modulada o FM se presentaría como una novedad fantástica, pues la reproducción alcanzaría una calidad extraordinaria. Esto significa que ya no se trataba sólo de poder oír en casa una grabación de Enrico Caruso, sino que la gente empezaba a ser más exigente de la calidad de la reproducción. Al principio decían: "Bueno, sí, los discos de Enrico Caruso suenan bastante feo, pero ya es un avance que los podamos escuchar, aunque la grabación sea defectuosa". Luego se desarrolló un sentido de la calidad, que empezó a formar parte del juicio de las personas.

También supe que iban a venir grabaciones de bajas revoluciones, como el *long play* o LP de 33.3 RPM que promovía Columbia, y los discos de 45 revoluciones, relativamente pequeños y con un agujero muy grande al centro, diseñados por la RCA Victor para competirle. Finalmente resultó al revés, pues los de 45 desaparecieron al cabo de unos años, y los de 33.3 de Columbia se volvieron el formato universal a partir de los años cincuenta y hasta que aparecieron los compactos. Ahí empezó la decadencia de la RCA. En ambos casos, la calidad del disco era muy superior y se harían de vinil, un material menos frágil que la pasta de los discos de 78 RPM que se hacían pedazos cuando se caían al suelo, como si fueran de vidrio, pues se fabricaban con un material muy rígido y quebradizo, lo que además ocasionaba un gran desgaste al paso de la aguja. Si se pasaba una aguja por la mano como si fuera el reproductor casi se enterraba; pero ése era el único procedimiento que se conocía desde que se inventaron los fonógrafos de cuerda, totalmente mecánicos.

En éstos, la aguja iba montada sobre un balancín el cual se movía conforme avanzaba la aguja siguiendo las oscilaciones del surco. Del otro lado el balancín estaba fijo al centro de un diafragma, generalmente metálico; ese balancín no era simétrico: era muy corto por el lado de la aguja y mucho más largo por la parte que se fijaba al centro del diafragma. De esta forma, las vibraciones de la aguja se transmitían al diafragma, que vibraba al ritmo de la aguja. Pero esto por sí solo generaba un sonido muy débil, así que se reforzó con un amplificador acústico, consistente en un tubo que se abría en forma exponencial como las trompetas, que aplicado al diafragma amplificaba el volumen lo suficiente para que en una casa un grupo de amigos pudieran escuchar y bailar al ritmo de la música del fonógrafo mecánico, lo cual ya era ganancia aunque la calidad del sonido no fuera tan buena por el ruido de la aguja.

Sin embargo, ya venía lo nuevo. En los años treinta se desarrollaron reproductores que permitieron transformar las vibraciones de la aguja en variaciones de corriente eléctrica, a través de una bobina adherida a ella y de un imán permanente, y aumentarlas mediante bulbos: había llegado el amplificador electrónico que elevaba la señal hasta una potencia capaz de mover una bocina de 10-12 pulgadas (30 cm) de diámetro, que era la medida de los altoparlantes más grandes en aquellos años.

El bulbo y la era electrónica

El bulbo triodo es una válvula electrónica de amplificación. Dentro de un tubo de vidrio, donde se induce el vacío, hay tres electrodos: un filamento o cátodo, una rejilla y una placa o ánodo.

Con la invención del bulbo comenzó la era electrónica, al permitir la amplificación electrónica, la radiotelefonía de larga distancia y la televisión.

El uso de los triodos o bulbos se popularizó en radios y televisores, y sólo hasta la década de 1960 serían sustituidos por los transistores.

La amplificación electrónica se perfeccionó hasta volverse enteramente comercial, y ya a fines de la década de 1930 la usaban los reproductores electrónicos, de bulbos, de fabricantes como Philco, RCA, Telefunken o Columbia; —había entre 30 y 40 marcas en general de radiorreceptores—, porque se hizo muy práctico emplear el amplificador tanto para reproducir los discos como para ampliar la señal de las estaciones de radio, que captaba el receptor mediante una antena.

De igual modo, su costo resultaba relativamente reducido para lograr dos fines: la radiorrecepción por un lado, y, por el otro, el fonógrafo, como se llamaba, o tocadiscos, el término moderno.

Hasta ese momento, los equipos para reproducir las grabaciones de los discos de 78 RPM, al igual que las radiodifusoras, con trabajos llegaban a los 8 000 hertz (Hz), siendo que el oído humano puede oír hasta 22 000 cuando se es joven, entre 14 000 y 15 000 a cualquier edad, excepto las personas de edad muy avanzada; por ejemplo, yo ahora escucho hasta los 13 000-14 000 Hz, lo cual me permite disfrutar de la calidad de los instrumentos, siempre y cuando el reproductor logre alcanzar esa fidelidad. Ése era el grave problema de los equipos de aquella época, que no alcanzaban un sonido de alta fidelidad.

Como ya señalé, hacia 1944 también se veía venir que la calidad de la fabricación de los discos daría un brinco muy importante para superar las graves limitaciones de los discos de 78 revoluciones, impresos en pasta dura. En éstos, el ruido de la aguja o giss al rozar el surco era muy fuerte y empeoraba conforme el disco se gastaba, de tal manera que su intensidad llegaba a ser casi igual al de la música. Quizá podrían pensar que eso mismo ocurre también con un LP, pero el giss apenas se oye después de escucharlo 5 000 veces; en cambio, si se pone 100 o 200 veces un disco de 78 revoluciones se oirá más ruido que música.

El problema consistía en que si se hacía un amplificador de alta fidelidad, la calidad empeoraría porque se escucharían más fuertes las notas de alta frecuencia, que no se lograban grabar adecuadamente con el sistema de la época. Por eso mismo, los amplificadores se diseñaban para no reproducir frecuencias altas, ya que de hacerlo empeoraba la proporción del ruido de aguja respecto a la grabación de la música. Este inconveniente pronto iba a desaparecer con los nuevos discos.

Rumbo al sonido de alta fidelidad

Así las cosas, resultó que como había estado trabajando con amplificadores de audio aplicados a las estaciones de radio, aprendí cómo funcionaba esa tecnología. De ahí que hacia 1944, cuando ya se veía que se iba a acabar la guerra y que los países del Eje iban a perder, se me ocurrió fabricar un amplificador de sonido de alta fidelidad, algo que no existía en la época.

Los amplificadores de alta fidelidad que ideé superaban perfectamente bien las limitaciones descritas. Los hice hasta de 25 000 Hertz porque representaba igual trabajo cortar a 20 000 que a 25 000. Por supuesto, los nuevos discos LP y los de 45 revoluciones se grababan en una pasta mucho más favorable para disminuir el ruido de la aguja, y como el giro era más lento se producía proporcionalmente mucho menos ruido. En esto también influía que se estaban perfeccionando los reproductores, aligerando el peso del brazo y usando agujas de zafiro e incluso de diamante, que pueden reproducir hasta 5 000 discos sin perder su forma exacta, en lugar de agujas de acero que debían cambiarse después de tocar cada disco, como ocurría al principio con los de 78.

Los amplificadores que diseñé me quedaron muy bien porque me adelanté bastante en términos tecnológicos, aprovechando incluso una oleada de bulbos nuevos que se produjeron con miras al surgimiento inminente de la televisión.

Ante los buenos resultados, en mis tiempos libres me dediqué a fabricar y a vender sistemas de alta fidelidad, incluyendo una modalidad que tampoco se había desarrollado, consistente en instalar una salida múltiple al amplificador mediante un sistema divisor; esto me permitió colocar cuatro o cinco bocinas, reproducir bien los graves, los medios y los agudos. Según la sala del cliente, instalaba el sistema con la bocinas repartidas en un mueble de tres metros de largo, o lo que midiera su sala, ocupando un lado de la pared; de esta manera, eso daba una sensación de amplitud y de presencia excelente para sentir como si se estuviera frente a una orquesta, no como se oye la música cuando sale de un agujero, como pasa con una sola bocina.

Trabajaba en casa de mi padre, donde monté un minitaller en mi recámara, pues sólo necesitaba un sacabocados, para perforar los agujeros donde entraban las bases de los bulbos, y un taladro de mano, que es el que siempre he usado, ya que no me gustan los eléctricos.

El proceso resultaba muy sencillo. Todo el chasis lo elaboraba de aluminio; sobre una mesa cortaba las láminas, las doblaba y perforaba los agujeros para las bases de los bulbos, y finalmente instalaba las cuatro bocinas en una caja —llamada *bafle*— de 3 m de largo por 40 cm de fondo. Aparte, mandaba construir el mueblecito donde colocaba el tocadiscos y el amplificador.

Aquello impactaba fuertemente. Tenía en mi sala un sistema para demostrarlo a los clientes, y ellos decían: "Hágame usted uno que suene igualito a éste". Simplemente por recomendación, sin anunciarlos de ninguna manera, empecé a hacer negocio con la fabricación de equipos. Comencé fabricando e instalando para las casas de José Martínez Jáuregui, Raúl Navarro y Adrián Breña, que eran unos amigos; a su vez, cuando invitaban a sus conocidos a oír el sistema y éstos preguntaban sorprendidos qué marca era, ellos les decían que los fabricaba un amigo. Luego me daban sus teléfonos, yo les hablaba a las personas interesadas y cerraba la venta. A los cuatro hermanos Campos (de la empresa de herramientas Campos Hnos.) también les vendí sendos equipos de este tipo.

Incluso el embajador de Francia en México, N. de La Rosière —quien además era un conde muy importante—, se enteró de mi sistema pseudoesterofónico a través de un amigo y quiso escucharlo. Cuando lo invité a mi casa, se mostró tan interesado que me invitó a la suya a conocer el espacio, donde me pidió presupuesto; como le pareció bien, armé el equipo y se lo instalé. Le gustó tanto que dos o tres allegados de la embajada francesa me pidieron que les construyera y embalara sus equipos para enviarlos a Francia, incluyendo instructivos muy detallados para que los pudieran instalar en sus casas, pues les pareció que el sistema de reproducción era extraordinario, y lo era porque estaba adelantado a la época.

En efecto, al salir al mercado los discos LP y de 45 RPM, aunque todavía no eran estereofónicos, se oían extraordinariamente bien en mi sistema. Poseían una calidad muy superior, pues disminuían considerablemente el ruido y había mejorado mucho la grabación de altas frecuencias; además, realmente existía una gigantesca diferencia entre oírlos en un fonógrafo, todavía chapado a la antigua, y en un sistema como el que desarrollé.

Estos amplificadores de alta fidelidad también permitían escuchar los discos de 78, porque les agregué un control de filtro para cortar los agudos y que no se disparara el ruido de la aguja. Y tenían otra característica: usaban únicamente un bulbo 6BG6 de salida que entregaba bien unos 14 watts; se trataba de un bulbo que después se usó como amplificador horizontal para el video, no para el audio, en los televisores de blanco y negro. Pero descubrí que las características de este bulbo eran muy buenas para la reproducción de audio, y ése fue el que empleé durante años. Por esto último, se trataba de equipos no sólo de alta fidelidad, sino además de gran eficiencia, pues el costo de fabricación era mínimo y tenían un circuito muy sencillo.

Ya entrando en más detalles técnicos, mis aparatos reproductores de alta fidelidad de discos consistían en un amplificador muy sencillo de solamente tres bulbos: un preamplificador, un amplificador y compensador de graves y agudos y el ya mencionado bulbo 6GB6 de paso final de potencia. Este último era potente y permitía la retroalimentación o *feedback*. ¿Cuál era la importancia de esto? Partamos de que cualquier amplificador tiene imperfecciones en la amplificación; es decir, cualquier nota pura que se inyecta en la entrada se amplifica a la salida, pero sale ligeramente deformada. Para corregir esta situación, en 1928 al ingeniero electrónico Harold Black, de la Western Electric Company, se le ocurrió la idea genial de proponer la retroalimentación, que consiste en tomar una pequeña muestra de la señal sonora de salida ya deformada de la frecuencia original y reconducirla hacia la entrada pero con la fase invertida; así se cancelan los errores cuando se vuelve a amplificar y la señal sale de maravilla. Claro que no se puede borrar la totalidad del defecto porque desaparecería la amplificación, pero con ello se logra corregir la distorsión armónica de los amplificadores en una proporción de 20 a 1, con lo cual la amplificación es perfecta para fines prácticos.

De ese modo, el amplificador resulta excelente para pasar las frecuencias muy graves y las muy agudas, precisamente lo que yo necesitaba. En consecuencia, le ponía una fuerte dosis de retroalimentación y al final del amplificador colocaba un circuito divisor para alimentar cuatro bocinas de diferentes diámetros y distintas calidades de reproducción, a fin de que las de mayor diámetro dieran las notas graves y las más pequeñas las agudas, repartidas en un mueble largo. En esta consola sólo se podían tocar discos, pues no estaba planeada para incluir el radio. Aunque de hecho no había todavía estereofonía, yo decía que era un sistema pseudoestereofónico. ¿Por qué? Porque en una grabación normal se oían, por ejemplo, los graves de un violonchelo a la derecha y los violines a la izquierda, lo que producía un efecto falso, pero efecto al fin, de la distribución de los instrumentos en un espacio según las frecuencias, aprovechando la manera en que normalmente se reparten los instrumentos en las orquestas sinfónicas, en las cuales se ponen a la derecha los chelos y del otro lado los violines.

Compraba las bocinas en Radio Surtidora S. A., con el amigo Alejandro Margules y su papá, don Jacobo, que siempre fueron mis proveedores principales por sus precios. Había que encargarles las bocinas con anticipación porque nadie las tenía aquí; además, estaba muy pendiente de qué modelos nuevos sacaban en Estados Unidos. Como tardaba entre un mes y mes y medio en construir cada equipo, mientras recibía las bocinas avanzaba en lo demás.

Me acuerdo de cuando salieron las bocinas Altec. Luego el fabricante se asoció con Lansing para lanzar las JBL, pero eso ya fue mucho después. Al principio las mejores bocinas eran General Electric, aunque había otras marcas de batalla pero medio corrientes. También salieron a la venta unas bocinas triaxiales, con el mismo cono grande de 16 pulgadas para los graves, otra bocina al centro para la reproducción de frecuencias medias, y un *twitter* en medio para las frecuencias muy agudas. Esa bocina funcionaba en un rango de 5 a 16 000 hertz y costaba como 250 dólares, que para aquella época resultaba muy cara.

Una vez en 1951 compré una bocina General Electric triaxial eléctrica excelente que llegó defectuosa —con un cono desplazado porque evidentemente lo golpearon en el trayecto—, pero tenían seguro y la empresa pagó la bocina dañada. Recuerdo que les pregunté a los del seguro qué iban a hacer con ella y me dijeron que si quería me la quedara; entonces la desarmé, la arreglé perfectamente bien y me hice una bocina triple con cero costo. Ésa es la que tengo todavía en la casa y acaba de cumplir 50 años.

Tengo también una bocina excelente de teatro, no de imán permanente sino con electroimán que requiere de una fuente de poder aparte, pero que da unos graves increíbles. Ahí en mi almacén aún tengo uno de los amplificadores que usaba en dichos equipos. Aparte, contaba con un cable largo para que el zumbido que pudiera generar la fuente de poder no se metiera en el audio de alta fidelidad. De esta forma, en mis amplificadores no se oía ningún zumbido; ahora, ya es común y corriente que no se oiga el zumbido que provenía de los amplificadores estándar de bulbos, pero entonces eso era muy novedoso.

En resumen, debo de haber hecho y vendido probablemente 80 equipos de reproducción de alta fidelidad de discos hasta 1948. Fue mi primer negocio particular y realmente gané buen dinero; con eso pagué mi primer coche.

Además, con las ganancias fui comprando todo mi equipo de pruebas de trabajo personal, aparte de los que tenía en la W, porque me gustaba procurarme mis propios aparatos. Así, fui adquiriendo un oscilador de alta fidelidad y todo lo necesario para medir los resultados de las pruebas, para generar las gráficas de respuesta y para todo lo demás.

Como ya comenté, no me dedicaba a esto de tiempo completo, porque trabajaba como radiooperador en la XEW, con sueldo fijo, pero en mis ratos libres me dedicaba a construir estos equipos.

Al inicio de los años cincuenta, me asocié con mi amigo José Martínez Jáuregui, quien vio la oportunidad de ganarse un poco de dinero extra. Él había empezado a trabajar conmigo en la televisión desde la etapa de pruebas de la antena del Canal 2, cuando todavía no la subíamos a la torre, y después se convertiría en director de controles remotos en Televicentro. Pero casi desde el principio comenzó a ayudarme con los amplificadores de audio y formamos una sociedad.

Nos dividíamos el trabajo: yo me encargaba de las ventas y la promoción y él del alambrado y la talacha, es decir, de conectar y soldar cada uno de los circuitos, bulbos, filamentos y placas, y probar que funcionaran correctamente. Luego, ambos instalábamos los equipos en las casas de los clientes. Nos volvimos expertos en la fabricación de amplificadores de audio, y alguna vez llegamos a producir una docena en un par de meses.

Sin embargo, cuando tuvimos que meternos de lleno a aprender la tecnología de la televisión, Pepe Martínez Jáuregui y yo dejamos el negocio en 1951, porque no nos alcanzaba el tiempo. Ya después la reproducción de alta fidelidad se volvió una cosa normal, pero al principio de los cuarenta era una novedad. Cuando diseñé mis equipos pseudoesterofónicos no sólo gané muchas satisfacciones, sino también una buena cantidad de dinero.

No registré el sistema que desarrollé porque nunca creí en las patentes. Patentar aquí en México significa tirar el dinero a la calle, porque con cualquier detalle que alguien le cambie a tu patente te fastidia, y pierdes lo que gastaste. Además, para mí era una especie de *hobby* que me daba experiencia en el diseño electrónico de amplificadores de todo tipo. Prefiero mejor producir algo, sin preocuparme si alguien quiere duplicarlo, como sucedió efectivamente con un hermano de Guillermo González Camarena, quien siguió mi línea de trabajo y se dedicó mucho tiempo a armar equipos de audio de alta fidelidad. Pero en la época que los produje no tuve competencia de ninguna clase, así que vendía lo que buenamente podía fabricar, sin pensar nunca en crear una empresa y complicarme la vida.

Recuerdo también el caso del pianista Juan García Esquivel, quien trabajaba en la W y era un excelente músico, tal vez un poquito mayor que yo. Él formó la Orquesta de Juan García Esquivel, que alcanzó mucha fama. Tocaba al estilo de las grandes bandas, como la de Glenn Miller y otras que causaron furor en Estados Unidos con esa música para bailar que se llama swing; hubo bandas excelentes que marcaron la época de oro de la música estadounidense. Aparte había muchas baladas y otras novedades. Entonces, Juan tocaba todo eso con su orquesta maravillosa, pero además de ser un excelente pianista, estudió ingeniería, aunque no terminó la carrera. Así que cuando se desarrolló la grabación en cinta magnética, entendía de estas cosas e ideó un sistema que llamó Sonorama, el cual permitía acelerar y desacelerar la velocidad de la cinta combinada con acordes de su orquesta. Primero se lo presentó a la XEW en una premier, donde no tuvo una respuesta importante; por ello se fue a la RCA, en la que grabó en New Jersey cinco o seis discos de 45 revoluciones en el nuevo formato, de muy buena calidad.

Cuando él me avisó que iba a salir uno de sus discos de Sonorama, con dos piezas de cada lado, lo compré, lo oí y me pareció excelente. Sobre todo porque mi sistema parecía haberse ideado justamente para escuchar estos discos, pues sus efectos de graves y agudos se separaban muy bien con las diferentes bocinas de mi equipo. Me gustó tanto que lo invité a la casa para que oyera su orquesta en el sistema que inventé. Se entusiasmó a tal grado que invitó a unos productores de la NBC de Nueva York y los llevó a mi casa a escuchar sus discos en el reproductor que tenía yo de demostración. Ellos quedaron tan impresionados que de inmediato lo contrtaron para la NBC en exclusiva por seis meses.

Juan García Esquivel se fue y ocasionalmente nos volvimos a ver. Tuvo un éxito indiscutible en la NBC. Luego, se fue a Las Vegas, montó un *show* espectacular con unas muchachas que cantaban excelentemente bien y se hizo millonario. Una vez vino a México y me presentó como el promotor de su famoso Sonorama, y luego ya nunca volvió. Le fascinaban las camisas de Oaxaca que tienen botoncitos como de hueso, por lo que le mandaba cada año una docena de esas camisas y él me mandaba sus grabaciones. Creo que ya se retiró y vive en Cuernavaca.

Sólo quisiera agregar que en los discos de 45 revoluciones con el formato de la RCA también grabó Ernesto Hill Olvera, quien a pesar de ser ciego, lograba que el órgano Hammond cantara la letra de piezas populares. Sí la letra… Este hombre aprendió a manejar con la izquierda los registros, con la derecha la melodía y con los pies los bajos del órgano. El caso es que tocaba órgano y lo hacía cantar. Por ejemplo, una canción que hizo muy popular con su órgano se llama *Pancho López* y otra, *Oración Caribe*, de Agustín Lara. Se oía muy clarito que el órgano decía: *"Piedad, piedad para el que sufre. Piedad, piedad para el que llora"*. Ahí tengo sus discos y lo he ido a ver como 10 veces al teatro.

Escenarios sonoros: estereofonía

En los años cincuenta salieron finalmente los discos estereofónicos en LP, desarrollados también por Columbia, que logró grabar en cada lado del surco mediante un sistema en "V": en el lado derecho se registraba una pista y en el izquierdo la otra. Lo interesante era que la misma aguja —que se movía también como en un balancín, igual que al principio en los reproductores acústicos con diafragma— permitía reproducir las dos pistas. La aguja tenía dos detectores: uno a la derecha, que registraba las oscilaciones de la parte izquierda, y otro a la izquierda, que registraba las del lado opuesto; es decir, estaban cruzados.

Eso me dejó sorprendido porque para mí ese avance representó un momento grande. ¡Cómo admiraba a esos ingenieros que habían hecho realidad lo aparentemente imposible: conseguir que la misma aguja reprodujera dos señales distintas! Me acuerdo mucho de los discos de prueba que sacó una empresa con grabaciones de aviones y locomotoras. Los poníamos en la casa, con las luces apagadas, y jurábamos que los aviones y las locomotoras de vapor pasaban de izquierda a derecha; prácticamente los veíamos avanzar por el efecto tan vívido de la estereofonía.

Ahora eso ya no se nota tanto como antes. Quizá en las grabaciones la estereofonía ya se volvió cotidiana, o los ingenieros no se preocupan por destacarla como lo hicieron en un principio para dar a conocer esta novedad tecnológica, pero fue realmente un avance. Claro, hoy es impresionante la prueba de sonido en los cines, pero las actuales grabaciones estereofónicas que escuchamos en las casas ya no me causan admiración.

La primera casa que sacó al mercado reproductores de alta fidelidad y de muy poco peso fue la General Electric. Se basaban en el principio de la reluctancia variable, que permitía no tener que usar un pesado imán, sino dos polos de 1.5 milímetros; el extremo opuesto a la aguja que tocaba al disco se movía entre esos dos polos con un movimiento casi imperceptible. La salida también era bajísima y requería de un preamplificador especial. El resultado es que con una aguja de zafiro se podían tocar 5 000 discos; algo nunca antes visto.

Incluso, para los reproductores de reluctancia variable la propia General Electric ideó un bulbo especial de metal para ese amplificador, el 6-SC7 con dos triodos distintos pero ligados, y con una salida muy baja.

Después del reproductor producido por la General Electric, surgió a la fama una fábrica de reproductores estereofónicos de muy alta calidad que se llamaba Pickering, pero estos reproductores costaban ciento y pico de dólares, contra los 15 o 16 dólares que costaban los General Electric.

La ampliación de la cobertura

El 21 de octubre de 1949 (fecha en que contraje matrimonio con Matilde del Río, madre de mis hijos) don Francisco Aguirre fundó la Cadena (hoy Grupo) Radio Centro, al inaugurar su primera estación, la XEQB, en el 1110 kHz. Eso fue posible gracias a que construí su transmisor con partes sobrantes de equipos de la XEW, la cual se lo vendió a don Francisco por mi conducto. Además, instalé el transmisor con ayuda de Raúl Navarro Cárdenas, compañero de la universidad y amigo muy íntimo. Raúl estuvo al pendiente, como segundo de a bordo, en todo el proceso de montaje e instalación de la estación; yo iba a supervisar los avances del día anterior.

El señor Francisco Aguirre fue otra figura importante en la historia de la radio y la televisión en México, y tuvo una gran influencia en mi vida. Muchos años atrás, a petición suya, le puse en marcha el transmisor de la XEFO, una estación que fue del Partido Revolucionario Mexicano y que consiguió que se la vendieran. Como era dueño de un cabaret muy famoso llamado El Río Rosa, ubicado en la calle de Oaxaca, de seguro ahí se pactó que le otorgaran la concesión de la estación que tenía el partido. Un día fue a verme a la casa en la planta de la XEW en Coapa. Llegó en un Cadillac negro muy elegante, y preguntó por mí. Salí todo mugroso del taller y me dijo: "Ingeniero, quiero que me eche a andar una estación que acabo de adquirir y que está por Churubusco". A mí me fascinó la idea. Le recomendé varias cosas, porque el equipo era realmente obsoleto, le cambiamos algunos bulbos y la puse a funcionar. Me dio a ganar 1 000 pesos (que para mí era una fortuna porque yo ganaba 400 pesos al mes), por un trabajo que me costó tres o cuatro mañanas de tiempo. Fue mi primer negocio importante; desde luego, con el consentimiento de mi padre, porque se trataba de la competencia.

Ya para 1949, en la XEW habíamos aumentado la potencia con nuestros transmisores hechos en México, y los equipos RCA con los que comenzó la W estaban arrumbados. Así que cuando don Francisco me pidió ayuda para montar la XEQB, le dije al gerente, el señor Vélez: "Ahí tenemos en la bodega ocupando espacio un transmisor de 50 kilowatts completo que le podríamos vender a don Pancho Aguirre". El señor Vélez estuvo de acuerdo. Esto es interesante porque la W no tenía miedo a la competencia; al contrario, quería que surgieran más estaciones para generar más movimiento y para que, además, resaltara la calidad de la XEW. Se vendió en 105 000 pesos el transmisor, lo eché andar y me gané 10 000 pesos de comisión. Ésa fue la primera venta en la que gané una comisión fuera de mi trabajo como empleado. Con eso compré un Ford 47 prácticamente nuevo, con unos 1 500 km, dos puertas, que me vendió el papá de mi amigo Eduardo Morfín, quien tenía la agencia Llano. Él me quería mucho, e incluso en su casa, él y su esposa doña Ángela Hierro, la mamá de Lalo, me trataban como un hijo más.

Recién acabada la guerra, en México vivíamos años de bonanza. En realidad la guerra nos ayudó a valernos por nosotros mismos, porque por la guerra los mexicanos no podíamos conseguir un motor nuevo, pero aprendimos a repararlos, algo que nunca se había hecho.

Como ya se mencionó, la estación XEQB se inauguró el mismo día que me casé por primera vez, aquel 21 de octubre. A las cinco de la mañana, en completa oscuridad, fui con Raúl Navarro a sintonizar la antena con el puente de radiofrecuencias de la XEW, prestado por mi padre, porque se tenía que inaugurar en esa fecha. Ya que salió al aire por primera vez Radio Centro en el 1110 con la estación XEQB —desde el edificio donde don Pancho acondicionó los estudios en Paseo de la Reforma—, me fui a bañar y a vestir de pingüino para casarme. La boda fue en la Sagrada Familia, que está en Puebla y Orizaba, una iglesia muy bonita de tipo europeo, no español, que siempre me ha gustado mucho.

Don Pancho Aguirre fue a la boda y nos obsequió a Mati y a mí una bandeja de plata con tazas para café, un regalo precioso para nosotros que no estábamos acostumbrados a esos lujos. No fue el señor Azcárraga, pero sí su hijo, mi amigo Emilio y los principales encargados de la radio. Con lo que estaba ganando en la W y con mis equipos de alta fidelidad, pudimos darnos el lujo de un banquete de buen nivel y una fiesta muy bonita. Luego del banquete, en la tarde, nos fuimos Matilde y yo de luna de miel a Acapulco, invitados por un amigo íntimo de mi papá, el ingeniero Gilberto Múzquiz, quien tenía un contrato de mantenimiento de equipos de audio con el Hotel Club de Pesca y nos regaló la estancia ahí. Por cierto, como había sido un largo día para mí, cuando llegamos a Acapulco… me quedé dormido.

De hecho, todo el año de 1949 fue de mucho trabajo. Ya desde 1945 había empezado a cursar mi carrera de ingeniería, pero sólo los primeros dos años pude asistir con cierta regularidad —la terminaría casi diez años más tarde, como contaré más adelante con detalle—, porque después me encomendaron trabajos importantes y no me alcanzaba el tiempo para ir a clases.

En particular, me encargaron el diseño e instalación de una repetidora de la XEW en San Luis Potosí, la XEWA. Ése fue mi primer trabajo que implicó desde ir y comprar el terreno donde se colocaría, hasta echar a andar la estación al aire en 1949, cuando se inauguró. Fue mi primer trabajo de principio a fin en el cual no me guió mi padre, pero bien que me supervisó desde lejos.

En la radiodifusión, aparte de mis responsabilidades como radiooperador, colaboraba con mi papá para diseñar todas las fuentes de poder, los equipos de alimentación de los amplificadores finales y los amplificadores de alta potencia. Como eso se llevaba a cabo en la Ciudad de México, aún podía asistir más o menos con regularidad a las clases. Sin embargo, a fines de 1948 don Emilio Azcárraga me dijo: "Vete a San Luis Potosí" y así comenzó el encargo.

Poco antes don Emilio nos había convocado a una reunión con el señor Vélez, otros directivos de la estación y mi papá, quien estaba a cargo de las estaciones de radio de la Cadena Radiodifusora Mexicana. En esa junta analizamos si el lugar adecuado para instalar una repetidora era San Luis o Aguascalientes. La idea era que estuviera en el centro del país porque para esta repetidora se había conseguido una frecuencia muy buena de 540 kHz, o sea, la primera del cuadrante, lo que le permitía tener un mayor alcance de día que las frecuencias más altas de la misma banda de amplitud modulada o AM; de esta manera, si en la región de los 1 000-1 500 kHz existe un alcance de aproximadamente un kilómetro por kilowatt, en las frecuencias de 500-600 kHz casi se triplica la cobertura.

En consecuencia, con una repetidora de 150 kilowatts podríamos llegar a un radio de 500 kilómetros, más o menos, dependiendo de las irregularidades del terreno. Puesto que San Luis Potosí se ubica en un llano bastante elevado —1 700-1 900 metros sobre el nivel del mar—, se decidió que era el lugar adecuado.

Entonces el señor Azcárraga le habló al cajero de la XEWA, Luis Bortoni, una persona muy seria y profesional, y le dijo: "Aquí el ingeniero se va a ir a San Luis, así que le pido que le abra una cuenta en un banco allá para que él se encargue de todos los gastos necesarios, comenzando por conseguir un terreno".

Por ello me tocó ir allá, primero, a estudiar la zona y buscar un terreno adecuado, del tamaño necesario. Luego de escogerlo busqué al dueño, el señor Reyes Revilla, y compré el terreno de 10 hectáreas sobre la carretera a Río Verde, que todavía no estaba pavimentada. Eduardo Morfín, compañero y amigo de la carrera de Ingeniería, se encargó de la obra civil, empezando por los planos del edificio de la repetidora, de 400 metros cuadrados, y una casa para el encargado.

En esa ciudad, mi primer contacto fue Juan Manuel Palau, un amigo que conocí en la Facultad de Ingeniería, aunque no había terminado la carrera. Era de una familia de abogados, cuyo padre era el representante legal de la American Smelting and Refining Company, una empresa que era como una isla o base estadounidense en San Luis Potosí, donde tenía una mina de plata concesionada. Era como el Vaticano en Italia, como una república aparte; todo estaba bardeado y adentro tenía colegios y todo lo necesario para funcionar como una colonia. Era lo usual en esa época en México, y así había ocurrido con los ferrocarriles, la energía eléctrica, el petróleo y las minas. Como abogado de la empresa, el papá estaba en una buena posición. Su familia vivía en una casa en la avenida más importante de la ciudad.

Un año antes, en 1948, el señor Azcárraga le preguntó a la familia Larrañaga, que anunciaba con regularidad la empresa Chiclets Canel´s en la XEW, si estaba de acuerdo en que en su fábrica de San Luis Potosí instaláramos una versión preliminar de una repetidora de la W, con la idea de que se oyera plenamente en el interior de la República. Como la familia aceptó, don Emilio le encargó a mi papá que hablara con los Larrañaga. Entonces mi padre y yo fuimos a San Luis, me presentó como jefe de operadores y jefe de la construcción de la W, y ahí pusimos una transmisora piloto en plan provisional; instalamos una antena bajita y empezamos a radiar como prueba con un kilowatt. En 1949 me tocó ya ir a instalar el transmisor grande de 150 000 watts.

Todo ese año me la pasé instalando la repetidora de W en San Luis Potosí, tarea que representó varios viajes y estancias ahí. Finalmente, en 1949 la XEWA se echó a andar formalmente con 150 000 watts de potencia gracias a un transmisor totalmente hecho en México, diseñado por mi padre y construido por nosotros en los talleres y laboratorios de la XEW, en Calzada de Tlalpan 3000, en Coapa.

Digamos que ese fue mi trabajo de recepción de ingeniero de radio —no el de la UNAM—, porque podría compararse esa labor con una tesis.

No tuve más remedio que empezar a llevar parcialmente la carrera. Iba a la escuela para complementar, sólo para conseguir el título; de hecho me recibí cinco o seis años después. Y las complicaciones empeoraron en 1950. Abundaré sobre ello un poco más adelante.

Agustín Lara y Maria Félix de cerca

Por lo pronto, sería oportuno comentar que tuve oportunidad de conocer a varios grandes artistas y estar cerca de algunos en todos los años que trabajé en la radio. Ya antes narré cómo se presentaba algunas veces en la planta de la W el maestro Agustín Lara, acompañado de un par de chicas. Falta dar cuenta de cómo conocí a María Félix, cuando ella iba a verlo a la W. Eso fue en el tiempo en que eran novios, y debo decir que realmente María Félix se veía enamorada de él.

En ese época no me perdía cada ocho días *La hora azul*, el programa que salió al aire después de *La hora íntima;* ambas series se hicieron muy famosas. Iba a observar al maestro Agustín Lara porque desde entonces admiraba su estilo al piano y sus composiciones, sobre todo en términos musicales.

Siempre he dicho que la música popular presenta dos caras: la música en sí, que abarca la melodía, el ritmo y el arreglo musical, y la letra. Esto hay que aclararlo porque al mismo tiempo se traduce en dos maneras de apreciar la música popular. A mucha gente que dice gustarle la música popular, creo que en realidad se refieren a las letras, a la parte literaria de la canción. En cambio, muchos otros —entre los que me incluyo— apreciamos la música por encima de las letras. Desde luego, quienes valoramos la música apreciamos la interpretación. Justamente, en ese sentido a mí me parecía que Agustín Lara era un verdadero maestro: original, con un estilo único, muy personal, que había logrado dominar el piano al grado de que lo tocaba como si este instrumento fuera simplemente una extensión de sí mismo; él hacía que el piano sonara como él sentía cada canción. Agustín Lara no era músico en el sentido académico de la palabra, pues no sabía escribir por nota ni leer una partitura, pero era un gran compositor. No había estudiado música porque de niño no aceptó que le pusieran un profesor; pero lógicamente, como cualquier genio musical, desarrolló su propio estilo, su forma personal de tocar, y resultó dotado de una gran inspiración para componer melodías. Se dice que le ayudaban con la letra de muchas canciones y que son originalmente de López Méndez, del *Chamaco* Sandoval o de otros. Decían que en realidad él no era el autor de las canciones, y eso es falso. Si le ayudaron a ponerle letra a algunas canciones, eso no implica que la música dejara de ser suya porque se trataba de una composición musical con o sin letra.

Pero para la gente es más importante la letra de las canciones populares. Por ejemplo, ésa que dice: "Mujer divina, tienes el veneno que fascina en tu mirar", es una poesía bonita, pero para mí no es la parte esencial de la obra. Con el maestro Agustín Lara mi interés que era puramente musical, me encantaba su composición y su forma de tocar. Jamás he conocido otro pianista que lo hiciera como él; nada más, por su estilo personal. No me atrajeron con mucho detalle sus letras porque me interesaba más su música.

Iba a verlo tocar al programa, que duraba media hora. Como yo no sabía música, necesitaba ver qué notas tocaba y cómo las tocaba. Me sentaba en un lugar donde muy respetuosamente no resultara una molestia. Creo que Agustín Lara hubiera preferido que yo no estuviera por ahí, pero me aceptaba o soportaba porque era muy amigo de mi papá.

Cuando acababa el programa, me iba volado en tranvía a la casa, donde ya había llegado un piano que estuvo arrumbado en la bodega de la XEW, y mi papá y yo lo habíamos arreglado para poderlo tocar. Era un piano vertical estadounidense —no me acuerdo de la marca— que fue pianola y le habían quitado las "tripas" de la pianola para que funcionara sólo como piano. Ahí me ponía a tocar tratando de que sonara igual que como lo acababa de oír, y así fui aprendiendo las canciones de Agustín Lara. Pero, no únicamente la melodía y el acompañamiento de vals, danzón o bolero, sino el estilo exactamente como él las tocaba.

Dicen que Mozart hacía lo mismo. Oía un concierto de Haendel y al llegar a su casa lo tocaba igualito que como lo escuchó. La enorme diferencia es que en realidad yo no sabía tocar el piano técnicamente porque nunca estudié escalas.

Con el fin de que perdure a través del tiempo la forma en que Agustín Lara tocaba, hace poco más de una década nos pusimos a transcribir su música el doctor Rafael Barrio, físico y pianista profesional (cursó toda la carrera de pianista y de director de orquesta en el Conservatorio Nacional de Música), y yo. Lo conseguimos gracias a que yo tocaba el piano y Rafael escribía en el pentagrama lo que yo iba tocando. Al igual que Lara, tampoco sé leer música, aunque sí sé lo que es la clave de sol, dónde están las notas en un pentagrama y un poco los compases; pero no puedo leer una partitura en el sentido de interpretar música. Por ejemplo, si me enseñaran el alfabeto en alemán y cómo se pronuncia, quizá podría leer en ese idioma aunque no entendiera nada de lo que leyera; pero si me oyera alguien que sepa alemán sí me entendería.

El caso es que las partituras que llevaban a cabo distintos arreglistas que transcribieron las piezas musicales del maestro al verlo tocar, no reflejaban su estilo. Por ejemplo, si la Casa Wagner deseaba publicar las diez canciones nuevas de Agustín Lara, enviaba a un arreglista profesional para que elaborara las partituras mientras el maestro tocaba las piezas; el único problema es que aquel arreglista no se metía con el estilo ni con la forma concreta de interpretar de Agustín Lara, sino que, dentro de un marco relativamente general, transcribía sólo la melodía particular de la pieza. Voy a poner un ejemplo. En un vals existen tres tiempos y hay un acompañamiento que es elemental, y entonces en *Janitzio* o *Marimba*, de Lara —valses muy famosos del maestro—, el arreglista incluía el ritmo de vals y sobre él montaba la melodía, perdiendo el estilo del compositor.

Eso es lo que de verdad tratamos de recuperar al hacer las partituras de sus interpretaciones con Rafael Barrio.

A lo que quería llegar es a que esa temporada en la que fui a ver tocar al maestro coincidió con los tiempos en los que María Félix realmente se enamoró de él. Agustín Lara tenía un micrófono colgado arriba del piano de media cola y había otro de pie en el estudio para el locutor —que podía ser *el Vate* López Méndez, Manuel Bernal o Luis Cáceres, a quien el maestro le decía Luisito— que al principio, en medio y al final del programa siempre anunciaba un lápiz labial con una preciosa frase que se hizo célebre: "Tangee jamás ha revelado el secreto de un beso".

Al inicio el locutor que estaba al micrófono se acercaba y le decía: "Maestro Agustín Lara, ¿qué nos va usted a tocar el día de hoy?" Entonces, si se trataba de Luis Cáceres —que probablemente fue el último de los anunciadores importantes en morir de esa generación—, el Flaco de Oro le respondía: "Luisito, tengo para nuestro gentil auditorio tres piezas que compuse hoy en la tarde y se las voy a tocar". De ese estilo era Agustín Lara y estrenaba tres canciones en su programa; decía haberlas compuesto en la tarde y no lo dudo porque era perfectamente capaz de eso. Estoy seguro de que compuso fácilmente cerca de 1 000, aunque escritas y registradas deben de ser como 800, pero hay muchas que se perdieron porque él no las registró, o las estrenó y después no volvió a tocarlas tal vez por alguna razón sentimental. Y de esas 800 la mayoría son de primera clase.

Cuando al final del programa tocaban las campanadas para avisar que ya había acabado, yo me levantaba y le daba las gracias por dejarme escucharlo. En realidad, él no me hacía mucho caso y, por otra parte, yo ya me quería ir porque lo que me importaba era oírlo y tampoco quería ser una molestia a mis 17 años.

Al abrir la segunda de las dos puertas que tenía el estudio para aislar el sonido, en el pasillo de la W muchas veces encontré a una señora perfectamente arreglada, con un abrigo elegantísimo y una personalidad impactante: era María Félix. Ahí fue cuando la conocí. Verdaderamente, no era capaz de decirle: "Buenas noches, señora Félix". No me salía la voz. La primera vez que la vi me quedé hecho un tonto, y las siguientes veces sólo atiné a balbucear: "Bue... buenas noches". Ella entraba al estudio cuando Agustín Lara estaba todavía sentado al piano, le daba un beso y le decía algo muy agradable: "Flaco, vengo por ti", y luego salían los dos del brazo. Generalmente había un gentío en la calle, en Ayuntamiento número 54, para verlos salir de la XEW.

Esto sucedió cualquier número de veces durante un año, antes de que se casaran. Veía claramente que le tenía cariño a Agustín Lara, que lo admiraba, respetaba y apreciaba mucho.

Más adelante supe que la relación entre ellos no iba por buen camino. Me enteré de eso a través de una persona que era amiga de los dos, la secretaria particular del señor Emilio Azcárraga, la señorita Amalia Gómez Zepeda, mi comadre por Mario, mi hijo. Cuando murió el señor Azcárraga, ella se hizo cargo de todos los asuntos de la familia, e incluso se convirtió en ejecutiva de Televisa ya con Emilio Azcárraga Milmo al frente de la empresa. Amalita era una mujer que escuchaba a todo mundo y sabía darle a cada uno un consejo o alguna frase amable. Por ello, en numerosas ocasiones iban los artistas a confiarle sus problemas o a comentarle sus éxitos. Uno de ellos, muy apreciado por Amalita y viceversa, era el maestro Agustín Lara. María Félix no tanto, porque era una mujer muy altiva, con una personalidad muy fuerte y una belleza que todo mundo admiraba —le iba más a su personalidad que a su belleza—, por lo cual pocas veces se detenía a platicar con la secretaria del presidente de la empresa. En cambio, el maestro Lara trataba a Amalita como a una madre, una hermana o una amiga de enorme confianza a quien podía contarle sus intimidades, hasta cierto punto.

En lo personal, como ya dije páginas atrás, a Amalita la quise como a una mamá toda mi vida; de niño, siempre que iba al estudio pasaba a verme y me regalaba chocolates o dulces. Recuerdo que me llevó a ver a Fu-Manchú, un mago genial de aquel tiempo, que además protagonizó algunas películas, siempre vestido con kimono; él era inglés de madre china y de padre inglés. Además de tenerle un gran respeto a Amalita, le profesaba también un gran cariño.

Entonces, Amalita me contaba cosas y un día me platicó del distanciamiento entre Agustín Lara y María Félix: "Fíjate, Pepe, qué caracteres tan diferentes tienen Agustín Lara y María Félix". Comenté: "Pues sí, el amor lo puede todo, pero a veces el tiempo trabaja en contra del amor", lo que es absolutamente cierto. En ese sentido me comentó ella: "A Agustín le gusta todo oscuro, con las cortinas cerradas y poca iluminación; en contraste, a María Félix le encanta quitar las cortinas y abrir las ventanas". De acuerdo con Amalita, durante un tiempo María Félix se adaptó a la oscuridad y al modo de ser de Agustín Lara, pero llegó un momento en el que ella dejó de estar de acuerdo con esa forma de ser y empezaron los problemas.

Para mí existían otros veinte motivos para las desavenencias, como el hecho de que Agustín Lara era medio "pillín". A lo mejor por ahí tenía sus detalles y tal vez María Félix lo cachó. Ésta es sólo una opinión personal, pero no es remota la posibilidad de que haya ocurrido así, porque Lara, así de feo, flaco y lo que ustedes quieran, ejercía una atracción extraordinaria en las mujeres. Pongo como ejemplo a una artista muy famosa como de mi edad que se llamaba Esmeralda, quien después se desarrolló como una excelente y muy versátil cantante. A veces cuando yo llegaba tarde al estudio y ya había empezado *La hora azul*, tenía que quedarme viendo el programa desde la ventana que daba al pasillo. Y todas las veces que llegué tarde ahí estaba Esmeralda, mirando embobada al maestro Agustín Lara, con esos ojos verdes tan bonitos que tenía y por los que le pusieron "Esmeralda de México".

Pero para que esté completa la historia, debo contar una anécdota muy simpática sobre María Félix. Evidentemente, ella conoció a mi papá mucho antes que a mí. Cuando yo estaba como director técnico del Canal 2 en Televicentro, concretamente en los años 1951-1952, Pedro Vargas y Toña *la Negra* varias veces fueron como invitados al programa que conducían a Agustín Lara y María Félix. En una ocasión tenían que cantar los cuatro juntos la canción *María bonita*, que Agustín Lara le compuso especialmente a María Félix. Entonces, como ya nos habíamos visto varias veces, ella se me acercó muy discretamente y me preguntó: "Ingeniero, ¿se acuerda usted de la letra de *María bonita*?". ¡Resulta que no se acordaba de la letra de la canción que le compusieron! "¿Cómo va esa parte de las estrellitas"? "Ah, sí —respondí—. Dice: 'con tus manitas las estrellitas las enjuagabas'". "¡Claro!", dijo. La volví a ver después un par de ocasiones, una cuando ya era esposa de Jorge Negrete, y luego en una ceremonia importante, en la develación de la estatua de Agustín Lara en Campos Elíseos, en Polanco (es una excelente estatua porque si a Agustín Lara lo hubieran petrificado, así habría quedado). Me senté en primera fila junto con Amalita Gómez Zepeda, y cuando María Félix llegó inmediatamente me levanté y le dije: "¿Gusta sentarse?" Me respondió: "Ah, usted es hijo del ingeniero De la Herrán". Se sentó en el lugar que le ofrecí y ésta fue la última vez que la vi en persona; ya se veía muy delgada. Hasta el final siguió siendo una señora con una personalidad impresionante.

De amigos y conocidos

Entre los artistas que conocí, mi única amiga fue Evangelina Elizondo, aparte, desde luego, de María Luisa Rangel, quien acabó siendo mi segunda esposa. Evangelina Elizondo se había vuelto famosa por su doblaje al español de una extraordinaria película de Walt Disney, *Blanca Nieves y los siete enanos*. Era de Monterrey y desde muy chica se interesó por el canto. El caso es que entre los 16 y 17 años fue a Hollywood y ahí se ganó la oportunidad de participar en el doblaje de esa película. De ahí en adelante se metió en la farándula. Cantaba muy bien, incluso ópera.

La conocí y empecé a tratarla más en Telesistema Mexicano, donde muchas veces llegaba como invitada de algún programa para cantar y bailar. Nos fuimos haciendo un poquito amigos, y acabó porque yo le gustaba mucho. Le gustaba más todavía mi amigo Juan García Esquivel —de quien ya hablé cuando platiqué sobre el *Sonorama*—, pero él no estaba muy interesado en ella. A mí sí me gustaba Evangelina Elizondo porque era muy simpática y platicábamos muy sabroso; con frecuencia nos íbamos en su coche a su casa a cenar o a conversar. Nunca pasamos de ser muy buenos amigos, sin llegar a más. Ahora pienso que era muy miedoso en cuestión de mujeres, aunque ya tenía 27 años, porque sentía que me podría enamorar y le sacaba. Mi carácter nunca ha sido para jugar al amor, y si se trataba de esto no le entraba a ese juego porque sabía que ya no saldría. Además estaba casado. Ya habían nacido José y Mario.

Me tocó compartir una parte muy delicada de su vida. No sé si se casó o no con un ingeniero con el que andaba, un hombre muy irascible, por lo que ella misma me decía. Ella había puesto una obra de teatro muy bonita que se llamaba *30 segundos de amor*, en la que era la protagonista. Yo iba frecuentemente a verla al teatro, le sacaba fotos y luego se las llevaba a su casa. Una noche al terminar la obra fui a su camerino a felicitarla y estuvimos platicando un rato. Quién se iba a imaginar que esa madrugada este ingeniero, José Luis Paganoni, mataría por celos a Ramón Gay, el protagonista masculino de *30 segundos de amor*. Fue un escandalazo.

Dos o tres años después la visitaba con alguna frecuencia en Polanco y conocí a la hija que tuvo con él. La llamaba "la mugrosa de mis pecados" y la quería mucho. Cuando le preguntaba Evangelina: "¿Y tú quién eres?", la niñita respondía muy simpática: "Yo soy la *mugrosa* de tus pecados".

Supe que estuvo en el canal 13 en unas telenovelas haciendo el papel de señora ya bien madura. Fue la única artista con la que no me casé pero sí mi gran amiga, ¡pero si le hubiéramos entrado un poquito más, me caso con ella! No sé, no sé…, creo que me fue mejor como viví, pero uno nunca sabe.

Respecto a María Luisa Rangel, ella cantaba zarzuela y era una soprano operática, pero no recuerdo haberla visto en ningún programa antes de conocerla en una boda. Regresaré al tema de ella más adelante.

Me tocó conocer también a la poetisa Pita Amor, quien era todo un problema. Era bajita, más bien gruesa y muy latosa con la iluminación. Me acuerdo de los ensayos. Como era el ingeniero en jefe, no me soltaba y cada rato me mandaba llamar: "Ingeniero, que le habla su amiga Guadalupe", y ahí iba yo, ni hablar. "¿Qué pasa, doña Lupita?; "Ingeniero, pues mire usted, me están poniendo un reflector que me da en la cara y yo creo que no me veo bien. Por favor usted vea que me iluminen como debe ser". "Cómo no, ahorita vemos eso". Buscaba a uno de los iluminadores estrella, los hermanos Saucedo —medio borrachines, pero de esa gente autodidacta que aunque no pasó de sexto año tiene una habilidad innata para la iluminación—, y le decía: "¿Ya checó las luces, Saucedo?" "Ingeniero, no me diga eso, ya están bien". "Pues muévalas y vuélvalas a poner como considere". Él movía las lámparas y le preguntaba a Pita, y así me traía.

Ella declamaba sus poemas y creo que los de otros, nunca puse atención. Ocupaba toda la pantalla y siempre traía unos escotes marca diablo. Una vez tuvo un pequeño percance con el brasier: ¡a la hora de agacharse se le salió una de las dos! Se dio cuenta, pero siguió declamando, sólo la cogió y la puso en su lugar. No hubo tiempo de cortar cámaras. Recordemos que la televisión era en vivo y si había algún error lo veía la población, pues antes de 1956 no existía la cinta magnética. Fue un espectáculo gratuito. ¿Qué tenía de malo? Nada, pero en esos tiempos la gente era más payasa que ahora.

También conocí a Sofía Álvarez, que cantaba en los programas, y a Jorge Negrete, con quien hice amistad. Poco me tocó ver a Pedro Infante, a Cantinflas y a Tin Tan porque ellos no iban mucho a la televisión. En cambio, conocí muy bien a Los Panchos y fuimos muy amigos.

En la parte artística me tocó trabajar prácticamente con todos los artistas de la época. Algunos fueron buenos en el radio, pero no en la televisión ni en el cine; parece mentira, pero no son lo mismo, y tampoco el teatro. Por ejemplo, Agustín Lara no era bueno ni en la televisión ni en el cine. María Félix tampoco fue muy buena, pero sí Jorge Negrete e igual Pedro Infante, muy simpático. Pero por ejemplo *el Panzón* Panseco, que era sensacional en el radio, nunca pegó en la televisión; creíamos que iba a ser un gran éxito, pero no funcionaba bien en tele. Él no era de verlo sino de oírlo.

Por otra parte, conocí gente a la que le quedaba grande la fama. Ése fue el caso de la "niña" Verónica Loyo, una muy buena cantante popular que figuraba en los programas de mucha calidad, pero luego surgieron problemas con ella porque se empezó a creer la maravilla del mundo y no llegaba a los ensayos, hacía lo que quería y regañaba a todo mundo. Un día don Emilio Azcárraga la mandó llamar y le dijo: "Hoy es lunes, ¿verdad? Pues es el último día que trabaja usted aquí, así que hágame el favor de no volverse a parar por Televicentro a partir de mañana". Ella se quedó fría, se le bajó todo el humo que traía y ya muy sumisa dijo: "Lo que usted diga, don Emilio". ¡Cuánta gente interesante pasó por los estudios de la W y, luego, por el Canal 2 en aquellos tiempos!

3   La ingeniería y el entorno

En nuestros días, encender un televisor para disfrutar de un programa o una película a todo color resulta tan cotidiano, que perdemos de vista la larga serie de acontecimientos y esfuerzos que se sumaron para hacer esto realidad. La trayectoria del ingeniero José de la Herrán da cuenta de cómo se fueron concatenando los sucesos que llevaron al surgimiento y expansión de la televisión en México.

Su propia historia personal nos lleva a explorar cómo los escenarios sonoros de la radio se fueron expandiendo, hasta dar pie al mundo de la imagen en movimiento en la pantalla chica.

Adentrándonos en esta parte de su autobiografía, reconocemos una personalidad en extremo dinámica, creativa, trabajadora, con un denuedo inusual, que lo llevó a dedicarse a la radio y la televisión, a estudiar ingeniería y a convertirse en empresario, casi todo al mismo tiempo.

Como ya adelanté, las complicaciones para seguir mi carrera universitaria empeoraron en 1950, cuando me desprendí del radio y comencé a trabajar de lleno en el montaje del Canal 2, del que fui director técnico a partir de marzo de 1951, y ya no tuve tiempo de seguir yendo regularmente a la Facultad de Ingeniería. Andaba tan ocupado, que me presentaba a clases cuando podía. De hecho, 60% de las materias las pasé a título de suficiencia porque asistía poco y casi nunca tenía derecho a examen ordinario, a veces ni a extraordinario.

No tuve más remedio que estudiar las materias en los apuntes que me prestaban los amigos regulares en la escuela, como Adrián Breña Garduño y Antonio Elizaga Ruiz Godoy. Éste último, un excelente alumno de Puebla que hizo la carrera de Ingeniería Civil en cuatro años, mientras yo iba saliendo como podía. A ambos los conocí en la facultad el primer año. Después, en 1953 arrancamos el Canal 9 y viajaba de aquí para allá. Así que, según las posibilidades del tiempo, tomaba una o dos materias al año, pero a veces llevaba hasta cinco, y así fui adelantando hasta que logré titularme.

Parece mentira, pero hay personas que carecen de una verdadera vocación. Pienso que es mi caso, porque a mí me interesaban todas las cosas; en el momento en que se hablaba de algo, me parecía fantástico. En cambio, me acuerdo de que Mario del Río, el hermano menor de mi ex esposa Matilde, tenía una indiscutible vocación de médico. Él y José Martínez, ambos muy buenos amigos, me acompañaban cuando monté el laboratorio para aprender televisión en la planta de Coapa de la XEW Radio. Me llama la atención el contraste entre ellos: José me ayudaba a soldar y le gustaba que habláramos de resistencias, de bulbos y todo esto, pero Mario no se "contaminó" en lo más mínimo con la tecnología. Él no tenía ninguna duda, así de sencillo; quiso estudiar medicina, se recibió de médico, se dedicó a la anestesia y su vida entera la consagró a la medicina. Mario murió hace años, aunque era seis o siete años menor que yo.

¿Por qué entonces decidí estudiar ingeniería? En mi caso, creo que en parte dependió de mi origen: nací en un medio favorable para que me interesara la tecnología, y esta me atrapó; de no haber sido así, quizá me hubiera atraído tocar la flauta y habría vivido fastidiado en un medio donde la tecnología era importante. Si coincide un interés personal con un entorno, pues se aprovecha, y si hay dinero suficiente para poder estudiar una carrera afín, se estudia, y si hay gusto por el trabajo y el medio es favorable para tener un empleo, se trabaja feliz. Entonces, se estudia, se trabaja, se hace una carrera y se crean aptitudes también gracias a que el interés es compatible con el entorno.

El tener un padre como el mío —que era un apasionado de cualquier faceta de la ciencia o del conocimiento, y cuando se hablaba de los griegos sabía de Aristóteles, Sócrates, Platón y todos los demás— me brindó un panorama de lo que es bueno y favorable y de lo que no lo es. Eso enseña a no dudar de lo que sucede en la adolescencia, cuando se pueden leer libros indiscriminadamente que sólo confunden, porque se lee que lo bueno es malo, lo malo es mediocre, lo mediocre es lo ideal y lo ideal es fantástico, lo fantástico es loco y lo loco es irreal, total una paradoja. Eso pasa cuando se cogen libros sin una guía. En cambio, si tu padre te dice: "Mira, lee este libro porque es muy bueno", se aprende a elegir lecturas que ayudan a conocer lo que es mejor y a diferenciarlas de las que no lo son, sin necesidad de tenerlo que descubrir; quizás se puede lograr esto, pero se tardaría uno diez años, en vez de tres meses o nada. Así, gracias a los consejos se avanza por el camino correcto.

Por eso, en 1944 entré a la carrera de Ingeniero Mecánico Electricista en la Facultad de Ingeniería de la UNAM, que se ubicaba en el Palacio de Minería, en la calle de Tacuba del Centro Histórico de la Ciudad de

México. Cuando fui a inscribirme al primer año, me pelaron porque eso se estilaba en ese tiempo. En las novatadas, lo menos que les hacían a los nuevos era raparlos con tijeras o a máquina. Como llegué un poco tarde ya no estaban en la euforia, pero no me salvé de que me pelaran.

Mis amigos ya habían pasado por eso y me sugirieron ir con unos que no trataban tan mal a los nuevos, porque había quienes los echaban a la alberca o les pintaban el pelo con chapopote; conmigo fueron condescendientes y no me tocó nadar a las siete de la mañana en el agua helada de la alberca que había en la Facultad de Ingeniería. Un verdadero martirio. La alberca se encontraba por la entrada principal, donde están los aerolitos; a la izquierda había otra puerta que daba a la calle y a la derecha una más, siempre cerrada, donde ahora es una librería; justamente en esa ala estaba un gimnasio y la alberca en un patio descubierto; era angosta, de unos ocho metros de ancho por 20 de largo.

Por la puerta principal, a mano derecha dejaba mi motocicleta, una poderosa Indian 4. Durante toda mi carrera me transporté en la moto, desde Calzada de Tlalpan 3000, hasta la Facultad de Ingeniería en Tacuba 5. Recorría 13.5 km casi cuatro veces al día, porque tomaba clases de siete a nueve de la mañana, luego me iba a trabajar a la planta de la W en Coapa y regresaba en la tarde a diferentes horas, según el horario de la tarde que me tocara. Desde prepa y toda la carrera me la pasé trabajando y estudiando.

En primero y segundo año, desde luego el maestro que más me gustó fue Ernesto Rivero Borrell, quien nos daba matemáticas: cálculo y álgebra. Teníamos una hora de álgebra y una de geometría analítica. Me fascinó su estilo, su manera de trabajar; era un maestro excepcionalmente estricto en su trabajo. Entraba por la puerta donde están los aerolitos, y en ese instante daban exactamente las nueve de la mañana; o sea, si tu reloj andaba mal podías ajustarlo con el suyo. No sé si caminaba despacio o rápido por Tacuba para ajustar el tiempo, pero tenía un precioso reloj Elgin de 24 joyas, fabricado en Estados Unidos. ¡El ingeniero Ernesto Rivero Borrell era un maestro fascinante! Siempre iba de riguroso traje negro, corbata negra y su camisa, desde luego, blanca. Traía una caja de gises especiales que no echaban polvo, para que su traje no acabara batido.

Otro maestro que también recuerdo era don Rodrigo Castelazo. Ambos, después, fueron amigos míos. Primero lo fue Ernesto Rivero Borrell, porque yo también era aficionado a los relojes de bolsillo por culpa de mi papá que poseía un Illinois… Rivero Borrell tenía también un precioso Waltam.

Después conseguí en el Monte de Piedad un Illinois que se me perdió (más bien me lo robó mi primo Luciano, hijo de mi tía Rosa) y siempre lo he añorado. Finalmente heredé el Illinois de mi papá, ¡y además con caja de oro macizo! Ese reloj pertenece ahora a mi amigo Ramón Fregoso.

El maestro Rodrigo Castelazo también era fantástico. Nos daba mecánica, materia de la que yo no sabía nada; yo era bueno con un torno, un taladro, un cepillo, etcétera y para hacer engranes y piezas, pero nada de la mecánica que enseñaban en la escuela; es decir, de mecánica teórica: estática, dinámica, cinemática, principales ramas que se estudian en la ingeniería. La estática, para toda la construcción de edificios, la estructura, columnas, vigas, puentes, todo lo que está inmóvil, y que se usa para calcular estructuras en temblores —eso no llegamos a verlo en primer año. Ahí aprendí todo eso.

Otro maestro que me fascinó fue Marco Aurelio Torres H., quien me dio clases de estática y con el que me llevaba bien. Murió en enero de 2014. ¡Fue un excelente maestro! Yo no sabía nada de estática ni de cinemática, en el sentido del cálculo, de fuerzas, pero me fue muy bien con el maestro Torres H.

También me gustó mucho cómo daba la materia de termodinámica el maestro Efrén Fierro, que la impartía en nuestra facultad y en muchos lados. Otro al que quise mucho fue el maestro Carlos Vallejo Márquez, quien nos dio dibujo mecánico. Él era maestro del Poli y de la UNAM.

El dibujo siempre me encantó. Cuando ingresé a sexto año de primaria, una de las materias en las que me distinguí fue geografía porque dibujaba bastante bien, gracias a *miss* Mary, quien me había enseñado a dibujar. Durante ese ciclo escolar vi un libro de perspectiva que tenía mi papá y me fascinó la cuestión de los puntos de fuga. Además, antes de cursar sexto año había visitado Nueva York con mi papá y me enamoré del Rockefeller Center, el llamado RCA Building, lo que despertó en mí el gusto por dibujar los edificios con puntos de fuga de arriba hacia abajo, como si estuviera volando en un helicóptero.

Cuando entré en la Facultad, me acuerdo que al principio sólo hacía dibujos de máquinas, pero los ingenieros civiles sí llevaban dibujo en perspectiva con un maestro sensacional que se llamaba Adrián Yombini, un italiano enojón al que odiaban sus alumnos. En cambio, yo lo amaba y aunque no era mi maestro me metía a su clase por el gusto de llevar perspectiva. ¡Era canijo! Si veía manchas en el dibujo, lo rompía; los estudiantes se ponían verdes. Él era de los que siguen el dicho de "la letra (más bien el dibujo) con sangre entra".

Recuerdo también al maestro Avilés, de máquinas térmicas, y al excelente y exigente maestro de electricidad, Carlos de Luca, que era autor de tres libros: *Líneas de transmisión, Máquinas de corriente alterna* y *Máquinas síncronas.* Me gustó bastante Luis Mascot, un gordo con una voz de veras ronca, quien nos daba circuitos eléctricos de distribución. Ellos fueron mis más queridos maestros, aparte de Castelazo y Rivero Borrell.

Entre los compañeros que más quise destacan, sobre todo, quienes fuimos compañeros de prepa en el Colegio Franco Español, comenzando por Eduardo Morfín, que ya murió, mi amigo más íntimo en esa época. De Adrián Breña me hice amigo cuando entró a Ingeniería Civil, igual que de Antonio Elizaga (que me prestaba sus apuntes para estudiar las materias a las que yo no asistía), Jesús Osorio, Luis Gómez y Humberto Medina. Todos ellos iban para ingenieros civiles. De los ingenieros mecánicos sólo recuerdo bien a Raúl Navarro, íntimo amigo mío desde sexto.

Posteriormente, como fui un alumno muy irregular, fui brincando generaciones y ya por ahí de tercero o cuarto me tocaron los hijos de los dueños de Campos Hermanos, que después me invitarían a trabajar a su empresa. A uno de los hermanos, don Germán Campos, lo conocí muchos años antes, hacia 1940, porque ellos instalaron la torre-antena de la XEW, de 186 metros de alto, la más alta de América Latina.

De la radio a la televisión

Creo conveniente hacer un poco de historia acerca de Televicentro y de la televisión, para ubicarnos en el contexto.

Entre los años 1946 y 1947, después de la segunda Guerra Mundial, Emilio Azcárraga Vidaurreta, fundador de la XEW Radio, decidió construir una gran instalación para desarrollar sus planes. Entonces, mi papá, él y yo —cuando me dejaba tiempo libre mi trabajo como operador de la XEW y mi carrera—, nos íbamos a medir terrenos en la avenida Chapultepec. El señor Azcárraga quería comprar prácticamente toda una manzana donde ahora está Televisa, pero ahí se encontraban aún vecindades y unos cuantos comercios; así que se puso a investigar quiénes eran los dueños.

Esta tarea nos llevó siete u ocho meses, hasta que se integró la propiedad que don Emilio deseaba, tras ir comprando terreno por terreno a los diferentes dueños. Allí se instaló lo que se llamaría Radiópolis (después Televicentro), porque iba a ser la central de radiodifusión en México, mucho antes de que empezara la televisión.

Nunca llegó mi padre a ser socio de esas empresas porque él apreciaba mucho su libertad; aunque se lo propusieron alguna vez y le ofrecieron acciones muy al principio en la XEW, él no aceptó.

Ya desde aquellos años, recién acabada la segunda Guerra Mundial, me interesó mucho estudiar televisión. Le propuse a mi papá —que además era mi jefe— y a Othón M. Vélez, el gerente de la W, montar un laboratorio para aprender las técnicas de la televisión. El señor Vélez, un hombre muy dinámico y con mucha visión, aceptó. Anoté una lista de los aparatos que se necesitaban para ese proyecto y diseñé todos los circuitos que requeriría una cámara de televisión con el objetivo de que aprendieran la nueva disciplina de la TV los cuatro equipos de radiooperadores (en los turnos de la mañana, tarde, noche y descansos) que había en la planta de la W.

Aquí siempre había un operador y dos ayudantes porque eran muchos transmisores —de onda corta y onda larga—, y la operación de la estación requería, por lo tanto, de 12 técnicos en radio. Ninguno de ellos ni yo sabíamos nada de televisión. Una vez aceptada la lista de equipos necesarios, empecé a trabajar en la instalación del laboratorio. Pedí lo necesario a la RCA, incluyendo dos tubos orticones de imagen que acababan de salir y eran la última novedad de la RCA; se trataba de tubos captadores de señal tan sensibles que por primera vez permitían tomar una escena con la luz de una vela. Anteriormente, con los iconoscopios sólo con la luz del Sol se alcanzaban a iluminar las escenas; reconozco que eran muy buenos para las tomas de eventos deportivos realizados en campos iluminados por el Sol, pero en los estudios era insoportable el calor por la cantidad de lámparas necesarias para iluminar la escena.

Cuando salió al mercado, el orticón de imagen 2P23 representó un cambio radical y, de hecho, fue uno de los impulsos mayores de la televisión. Estos tubos fueron desarrollados por la RCA en su laboratorio de Camdem, Nueva Jersey, gracias a un inventor de origen ruso que se llamaba Vladimir Zvorikin; él estudió en Rusia y, como tantos otros, llegó a hacer una fortuna en Estados Unidos. Ahí desarrolló el orticón, bajo la presión de David Sarnoff, entonces director general de la NBC y de la RCA, un extraordinario empresario de origen judío.

David Sarnoff: de telegrafista a directivo

La historia de David Sarnoff es muy interesante. Llegó a Estados Unidos hacia 1910 en uno de los tantos barcos que salían de Europa cargados de emigrantes, si acaso con un dólar en la bolsa.

Era un inmigrante más, pero había algo que lo distinguía del resto: su pasión por aprender telegrafía, o sea, por mandar señales en clave Morse. Eso lo llevó a desarrollar una habilidad extraordinaria para mandar mensajes rapidísimo y convertirse en poco tiempo en uno de los mejores telegrafistas de la empresa más importante del mundo en esa época: Casa Marconi. Esa compañía inglesa, un monopolio dentro de la comunicación telegráfica, estaba dirigida por el inventor italiano Guillermo Marconi.

Cuando en 1912 se hundió el *Titanic,* David Sarnoff se volvió famoso de la noche a la mañana como un excelente telegrafista porque logró mandar información telegráfica del hundimiento a varias partes del mundo.

En un viaje de Marconi a Estados Unidos, concretamente a Nueva York, Sarnoff aprovechó su fama y se le acercó. Como Marconi ya había oído hablar de él, lo tomó como ayudante durante su estancia. O sea, aunque no fuera nadie, al ser el ayudante del mero jefe, Sarnoff empezó a convertirse en alguien y a ser considerado por la gente como algo más que un simple telegrafista.

Supo manejar tan bien esta situación que, para no hacer el cuento largo, unos 17 años después del hundimiento del *Titanic* David Sarnoff llegó a ser el presidente de la RCA en 1929, cuando ésta se fundió con la Víctor Talking Machine. Este hombre también supo acaparar en 1926 el mando de la cadena de estaciones de radio que se llamaba —y se llama aún— National Broadcasting Company (NBC), que en los años treinta tuvo más de 100 estaciones en Estados Unidos.

Su gran visión le permitió captar que la televisión iba a ser algo importantísimo, por lo cual decidió trabajar en el desarrollo de este medio de comunicación. Con las ganancias de las estaciones de radio de la cadena NBC, montó un laboratorio muy avanzado.

Fue en esa década cuando entró a trabajar Zvorikin. Primero, creó el iconoscopio, que fue un tubo captador de imagen usado profusamente como un intento de comercializar la televisión, pero ese intento no progresó. Luego, en 1939, cuando la NBC ya pensaba lanzar la televisión, se inició la segunda Guerra Mundial e interrumpió totalmente esos planes, que se pospusieron hasta el fin del conflicto bélico. En lo que esto sucedía, Zvorikin desarrolló el tubo orticón de imagen 2P23.

En cuanto se logró la paz y se restableció más o menos la actividad comercial, formulamos el pedido a la RCA de estos tubos, las bobinas de deflexión y demás elementos necesarios para su funcionamiento. No tardamos en recibirlos, junto con los instructivos de operación y mucha información, porque la empresa estaba muy interesada en promover la televisión y cada vez que sabía de alguien que deseaba iniciar un proyecto le abría las puertas. Además, se publicaban revistas especializadas —incluso la RCA editaba una en donde los ingenieros de la empresa escribían sobre sus adelantos más recientes.

Como yo quería fabricar dos cámaras, pedí dos tubos de orticón 2P23, para que si por alguna razón echaba a perder uno de ellos no me quedara sin poder seguir adelante.

Puesto que el señor Azcárraga andaba en un nivel más arriba, pensando en el cine, en los Estudios Churubusco y en los hoteles de Acapulco, el único de la Cadena Radiodifusora Mexicana que estaba interesado en el negocio de la radio y al que le atrajo la televisión era el señor Othón Vélez. Fue con su apoyo, una vez recibido el equipo, como empecé a montar el laboratorio de televisión de la XEW en Coapa, donde estaba la planta de la W.

De entrada, contratamos a Vladimir Werner, un ingeniero europeo de origen polaco. Tuve la impresión de que él era demasiado teórico para hacer algo práctico a corto plazo, y no me equivoqué; después de seis meses, Werner tenía un altero de diagramas y nada claro. Mi papá se desesperó también con Werner, quien sólo permaneció algún tiempo más y luego se fue. Tomé el mando del laboratorio, y me puse a construir una cámara de televisión.

El enigma de las cámaras

El hallazgo de dos cámaras de televisión de los años 30 en la casa de empeño el Monte de Piedad ocurrió gracias a la costumbre de mi padre de recorrer esos Montes y también La Lagunilla, para comprar cosas usadas a veces en perfecto estado y a un precio muy bajo. Frecuentemente lo acompañaba, incluso en el Monte de Piedad que está en Luis Moya me compré mi primera motocicleta Indian 4 en 1945.

En una de sus andanzas, en 1948, mi papá me comentó que en Nacional Monte de Piedad en el Zócalo había visto dos "que parecían cámaras de televisión". Le respondí de inmediato: "Vamos a verlas". Efectivamente, ahí estaban en remate dos cámaras de televisión; una se veía muy incompleta y otra bastante bien.

Resulta que esas cámaras las trajo el ingeniero Javier Stavoli, un maestro de la Escuela Práctica de Ingenieros Mecánicos y Electricistas (EPIME) —que cuando entró Lázaro Cárdenas se llamó Escuela Superior de Ingenieros Mecánicos y Electricistas (ESIME)—. El ingeniero Stavoli fue quien propuso en 1930 reemplazar a los policías que dirigían el tránsito en las calles, subidos sobre un taburete de 40 cm de alto, por semáforos eléctricos.

Cuando Stavoli viajó a Chicago para ver cómo funcionaba el sistema de los semáforos eléctricos, le hicieron también una demostración de la televisión. Se trataba de un equipo totalmente primitivo que tenía una cámara mecánica basada en el disco de Paul Nipkov —el inventor del sistema secuencial mecánico de exploración mediante un disco con perforaciones en espiral—, pero Stavoli se animó mucho con la posibilidad de traer estos equipos para que se promoviera el Partido Nacional Revolucionario (PNR), fundado en 1929 por Plutarco Elías Calles, el cual cambiaría de nombre a Partido de la Revolución Mexicana y que después sería el PRI. El caso es que convenció a los dirigentes del PNR, le dieron dinero y compró en Chicago todo un sistema de televisión: dos cámaras, un transmisor de onda corta adaptado, una torre antena y cuatro receptores de televisión, todo lo necesario para iniciar transmisiones. Los equipos se montaron en uno de los laboratorios de la EPIME, ubicado en la esquina de Allende y Belisario Domínguez, a un lado de la iglesia de San Lorenzo. Allí Stavoli —junto con el maestro Fonseca, también de la EPIME— llevó a cabo las primeras pruebas de televisión en 1931 en México. Todo funcionó perfectamente bien. Por aquel hecho, hace muchos años entrevisté a la esposa de Stavoli.

¿Cómo llegaron las cámaras al Monte de Piedad? Es un misterio. Eran propiedad del PRI, pero estuvieron 20 años en una bodega del Poli. Esto sigue pasando ahora; por ejemplo, el Instituto Mexicano del Petróleo compra dos microscopios de proyección completos, con lámparas de arco de cuatro objetivos, lo más moderno en su momento, y me consta que sólo uno de ellos lo usaron alguna vez, el otro nunca; pasados 15 años, declaran que es equipo rebasado, obsoleto y lo sacan a venta a remate o simplemente lo dan de baja del inventario de modo oficial, pasan a manos de alguien que compra cosas viejas en 50 pesos, como si fuera prácticamente basura aunque esté nuevo y, como es un fenómeno repetitivo, ese instituto compra tres nuevos equipos, probablemente usa uno y dentro de 15 años los vamos a encontrar de nuevo en un Monte de Piedad; igual que nos pasó con las cámaras.

Eso mismo ocurre en Estados Unidos, donde las fábricas descontinúan de pronto algún equipo y lo ponen a la venta en remate para deshacerse de ese producto; hay gente que compra cosas de 100 000 en 1 000 dólares y las vende en 1 500. Entonces, si quieren comprar un láser de 600 dólares, ahí les costará 50 dólares; hace unos diez años compré tres a 35 dólares cada uno. Dos los dejé en San Diego, y está en chino traerlos a México; si me ven en un avión con un láser van a quererme mandar a Afganistán.

El caso es que mi padre pagó los 400 pesos que costó cada una las cámaras —800 pesos era bastante dinero—. De la que estaba medio incompleta, usé el tripié y la base para montar la cámara que estaba construyendo; aún la tengo en la casa debido a que en una ocasión fui con Emilio Azcárraga Milmo a la bodega de la W, me preguntó por esa cámara; le respondí que era la que hice y me la regaló.

De hecho, conservo en mi casa las dos cámaras que armé en el banco de trabajo, con la ayuda de los operadores de la XEW, para que vieran y aprendieran cómo eran los amplificadores de video, cómo se hacían los generadores de sincronía, los de pulso, los osciladores verticales y horizontales, es decir, todo lo necesario para una cámara y, desde luego, las fuentes de poder. Aclaro que esas cámaras no fueron las primeras que se fabricaron en México. Guillermo González Camarena ya había construido cámaras, pero no con orticón de imagen porque éste no existía en aquel entonces.

Las primeras cámaras fabricadas en México

Antes de la guerra, la RCA lanzó al mercado el kit de una cámara con iconoscopio muy sencillo, pero que funcionaba bien y podía comprar cualquier persona interesada en experimentar con la televisión. Guillermo González Camarena había comenzado sus estudios en la EPIME y vio cuando instalaron las cámaras que trajo Stavoli. Acto seguido, compró este kit y armó en su casa la primera cámara de televisión moderna que hubo en México.

Como no contaba con un transmisor, Guillermo la activó en un circuito cerrado por el gusto de ver cómo funcionaba una cámara de televisión.

Desde ese momento se le ocurrió inventar televisión a colores. Con ese mismo equipo, más algunos motores y elementos comprados aquí y allá, González Camarena juntó lo suficiente para que esa cámara de blanco y negro pudiera reproducir imágenes a colores mediante un procedimiento muy sencillo: frente a la cámara blanco y negro colocó un filtro con tres celofanes de colores: verde, rojo y azul; cuando giraba ese filtro, la cámara recibía en luz y sombra lo que dejaba pasar cada uno de los filtros —por ejemplo, el rojo no permitía el paso de los azules, mientras el azul impedía pasar los amarillos. En fin, eran tres imágenes distintas en las que el color que dejaba pasar cada filtro aparecía como iluminado, mientras que los colores que no permitía pasar se veían como negro.

Estas tres imágenes las llevó a un televisor en blanco y negro que contaba con otro filtro igual, sincronizado con el de la cámara; el resultado en la pantalla fue que se veía una imagen a colores. Es el mismo procedimiento conseguido por la tricromía en la impresión de papel.

Lo primero que González Camarena hizo con ese sistema fue patentarlo en México y en Estados Unidos. Fue el primer sistema a color en todo el mundo. En Inglaterra y Estados Unidos hubo grupos que crearon televisión a color, pero que no llegaron a perfeccionarla. El sistema inventado por González Camarena representó, sin duda, la primera televisión a color en el mundo a nivel educativo, porque simultáneamente la CBS desarrolló un sistema similar, pero para TV comercial. Lo destacable es que él, de forma independiente y desconectado del mundo, desarrolló la televisión a colores en

México y la aplicó. Pero no pensaba en la televisión comercial, sino en la educativa. Quería usarla como un instrumento de educación. De hecho, la llevó a la Facultad de Medicina de la UNAM, que se ubicaba en la Plaza de Santo Domingo, porque su padre era médico y tenía contactos allí. A quienes se la mostró les pareció fantástico, porque con una cámara arriba del quirófano se podría transmitir una operación a fin de que la vieran 100 estudiantes en 10 monitores, como si estuvieran presentes en la cirugía.

La UNAM le compró el equipo completo y ahí se instaló. González Camarena colocó la cámara con un espejo encima para ver hacia abajo, por lo cual tuvo que invertir el barrido original de su cámara para que con el espejo se vieran al derecho las operaciones que se llevaban a cabo. Al mismo tiempo, en un salón con muy poca luz colocó cuatro televisores blanco y negro como de 30 centímetros, que adaptó con su filtro giratorio para la sincronía. La imagen se veía perfecta, como en un cine con oscuridad completa. Podían ver la operación fácilmente diez personas.

En tiempos de la guerra, Guillermo también vendió un par de sistemas de televisión, con el control central y dos cámaras blanco y negro portátiles, al Columbia College de Chicago, porque en ese momento en Estados Unidos no se podían comprar cámaras. Las vendió muy bien y con ese dinero logró comprar su transmisor y todo lo necesario para iniciar el Canal 5.

Las cámaras que yo construí no se destinaron para transmitir en los canales de televisión, sino para hacer pruebas y preparar al personal en un estudio de la XEW que estaba hasta el fondo, en Ayuntamiento 54, y que adaptamos para la televisión.

Fue sumamente interesante entre 1948 y 1949 ver cómo mientras se emitían programas de radio en la "W", teníamos cámaras tomando imagen, efectuando pruebas de movimiento, de iluminación y de todo, además de acostumbrar a los actores, los artistas y los técnicos a las cámaras y al ritmo de la televisión.

Por ejemplo, cuando un artista cantaba para la radio, en el escenario los camarógrafos con sus audífonos andaban moviendo las cámaras para tomar la imagen; mientras tanto, desde la cabina del estudio se controlaba el audio que se transmitía por la XEW y veíamos las tomas en los monitores, uno para cada cámara; desde ahí también el director de cámaras aprendía a dar órdenes a los camarógrafos. Era un sistema de televisión de circuito cerrado, sin salida al aire, para entender la técnica de cómo se genera y cómo se produce un programa de televisión.

En mayo o junio de 1949, llevé ese equipo a la Asociación Mexicana de Ingenieros y Arquitectos, que estaba en Puente de Alvarado, por el Monumento a la Revolución, donde di una conferencia que fue bastante conocida sobre el desarrollo de la televisión. Ahí sucedió una anécdota muy curiosa.

Pero primero debo aclarar que los tubos captadores de imagen 2P23 que usábamos, eran extraordinariamente sensibles al infrarrojo. Aunque eso resultaba fantástico, representaba un defecto; por ejemplo, a pesar de que los hombres se rasuraran bien, parecía como si no lo hubieran hecho, porque el orticón veía a través de la epidermis el vello de la barba y había que ponerles un chorro de maquillaje.

Resultó que di la conferencia, expliqué cómo funcionaban las cámaras y demostré lo sensible que era el infrarrojo. Incluso, mandé apagar las luces y con una vela se veía perfectamente bien la imagen; puse frente a la cámara un filtro de celofán rojo y se siguió viendo perfectamente, y luego puse otra hoja de filtro y lo mismo. Todos estaban admirados porque era increíble la sensibilidad del sistema.

Al acabar la demostración, todo mundo quería pasar frente a la cámara. Cuando pasaban las personas no se veían a sí mismas; sólo las podían ver quienes se encontraban frente a los monitores. Lo simpático fue que de repente noté caras de sorpresa de varios señores cuando a una joven muy guapa se le transparentó su blusa de nylon al pasar frente a la cámara. Y ella ni cuenta se dio. Cuando vi en el monitor a la chica, de veras guapa, de inmediato corté la señal y todos los ingenieros y arquitectos se quejaron, en tanto sus esposas se pusieron medio coloradas…

Para ese entonces la única cámara de televisión que funcionaba en forma continua era la de Guillermo González Camarena. Don Emilio Azcárraga había comprado muy baratos en Estados Unidos entre ocho y diez hangares semicirculares de avión del tiempo de la guerra, los mandó traer y los convirtió en un grupo de cines, a los que llamó Cadena de Oro. El principal era el Teatro Alameda, el cine más importante de México, situado en la colonia Juárez. En la Cadena de Oro proyectaban las películas mexicanas que Emilio Azcárraga se había dedicado a almacenar y que siguen siendo hasta ahora el repertorio del Canal 2.

A fin de promover su cadena, contrató a Guillermo González Camarena para que estuviera una semana en la entrada de cada cine con su cámara de televisión y un monitor, con el propósito de que la gente se viera en la televisión. Así, Guillermo iba de cine en cine, y se quedaba una semana en cada uno de ellos durante la premier de la película que estuviera de estreno para promover tanto al cine como a la televisión. Para la gente que asistía al cine, era una novedad mirarse en la pantalla televisiva, lo que resultaba muy novedoso en ese tiempo; ahora ya no tiene chiste. Luego compraba su boleto y se metía al cine a ver la película, que era aún el negocio porque la televisión estaba todavía en un segundo plano.

En 1950, don Emilio Azcárraga consiguió que viniera un equipo profesional de televisión de la General Electric, ya con cámaras para control remoto integradas, como parte del plan de empezar a funcionar comercialmente. Lo primero que hicieron fue dar una exhibición que tuvo lugar en el ahora desaparecido Hotel del Prado. Ahí la General Electric montó el llamado "Video Médico", porque la intención consistía en demostrar la posibilidad de transmitir operaciones en vivo para los estudiantes de medicina, a través de una televisión en blanco y negro.

En realidad, como ya comenté, eso ya lo había demostrado Guillermo González Camarena en México y con su televisión a colores.

Como parte de su exhibición, el equipo "Video Médico" instaló sus cámaras en el Hospital Médico Militar que está sobre Ejército Nacional, y a través de microondas se transmitió a los 20 monitores colocados en el Hotel del Prado, donde también se colocó una cámara. Fue un gran alboroto esa demostración. La televisión profesional y comercial ya existía en Estados Unidos, donde miles de casas tenían televisores y la NBC y la CBS transmitían programas regularmente.

Cuando terminaron estas pruebas, don Emilio Azcárraga le compró a la General Electric el equipo profesional (que por cierto era fabricado por Dumont) y me lo pasó para entrenar con él al personal de la XEW; esto después de haberlo hecho ya con el sistema que fabriqué, para poder comenzar las transmisiones en vivo en el Canal 2.

Entre tanto, en el terreno que habíamos medido seis años atrás en avenida Chapultepec la obra iba muy adelantada, ya estaba la obra negra y las instalaciones eléctricas de más de una docena de estudios y todos los pasillos, y sólo faltaban los acabados. Entre mayo y agosto de 1950, llevé e instalé todo el equipo en uno de esos estudios sin terminar, y ahí estuve entrenando a los mismos operadores de la XEW que trabajaron antes conmigo con las cámaras que habíamos armado, pero ahora con cámaras profesionales como las que se iban a comprar para equipar los demás estudios de Televicentro.

Y se hizo la televisión

Sin embargo, en julio de ese año, se adelantaron el presidente Miguel Alemán y el grupo de Rómulo O'Farril y mandaron traer todo un sistema transmisor RCA. Trajeron técnicos estadounidenses, capacitaron gente del Politécnico e instalaron todo en el piso 13 de la Lotería Nacional, donde se ubicó la antena, y se dejó todo listo para que la televisión comercial comenzara en México oficialmente el 1° de septiembre de 1950, con la transmisión del informe presidencial de don Miguel Alemán.

De esta manera, el Canal 4 de Televisión de México, S.A., fue el primero en comenzar a transmitir en el país. Como el capital de ese canal lo aportó el Presidente, él consiguió sin mucha dificultad que la RCA surtiera a corto plazo el transmisor de televisión completo. Los dueños concesionarios eran la familia O'Farril, pero el dinero era sobre todo de don Miguel. Había intereses políticos para hacerle una fuerte competencia al señor Azcárraga. Por eso el Canal 4 salió primero, en septiembre de 1950.

Por supuesto, este hecho motivó al señor Azcárraga a acelerar los trabajos, y para marzo de 1951 acabamos la mitad de los estudios, se montó el transmisor del Canal 2, la antena, la torre y todo. Finalmente, el Canal 2 comenzó a transmitir el 21 de marzo de 1951 con el control remoto de la serie de beisbol desde lo que era el Parque Delta, que después fue el Parque del Seguro Social y que ahora es un centro comercial.

El inicio de las transmisiones representó una verdadera carrera contra el tiempo porque el transmisor llegó en febrero a Televicentro, que se hallaba en obra negra, sin acabados ni pisos; la torre ya la habíamos mandado hacer, pero en enero todavía no estaba instalada. El caso es que a principios de enero don Emilio me dijo: "A ver cómo le haces porque ya conseguí el contrato para transmitir por el Canal 2 la serie de beisbol, que arranca el 21 de marzo".

Es decir, tuve sólo poco más de dos meses para preparar todo. La línea de transmisión para subir la señal a la antena por medio de la torre no había llegado. Ante las prisas, me traje a varios operadores de la W a trabajar todo el día en Televicentro para destapar con barretas las cajas de los equipos, a meter y montar el transmisor en la sala, que ya estaba terminada pero aún sin acabados. De igual modo, tuve que corretear al ingeniero Barbosa para que empezara a armar la torre que diseñó —comenzó a armarla en febrero y en 15 días logró terminar— y a andar detrás de Carlos M. Fernández para que instalara los generadores de 60 hertz (Hz).

El edificio donde estaba la sala era de tres pisos y en la parte de abajo se pondrían los alternadores, porque en México todavía había 50 Hz y la televisión la iniciamos con el estándar estadounidense de 60 Hz; en la parte superior arrancaba la torre con la antena en la punta, a 100 metros de altura. Como no podía probar sin antena, eché a andar todos los pasos de baja potencia de los transmisores de audio y de video acoplados en la misma antena; probamos lo que se podía probar, pero ya estando en marzo aún no llegaba de Laredo la condenada línea de transmisión.

Cuando por fin llegó, se presentó otro problema: la línea no debía humedecerse y era una Semana Santa de chipi-chipi. No hubo más remedio que taparla por tramos de tubería. Por fin, el 16 de marzo con la ayuda de Luis Segovia y de Rómulo Hernández, mis ayudantes, acabamos de instalar la tubería coaxial que era la línea de transmisión doble para la antena. Esta línea es la que conecta los dos transmisores, el de video y el de audio y la antena que está en la punta de la torre; o sea, era una conexión de 100 metros, línea coaxial llamada de $1^5/_8$ de diámetro de cobre, con un tubo de media pulgada aislado al centro, la cual lleva la señal. Y yo tenía que subir dos líneas de transmisión de abajo hacia arriba para la antena de tipo torniquete que vendía la RCA: una para los elementos Norte-Sur y otra para los de Este-Oeste. Mi asistente Rómulo Hernández era capaz de treparse a las torres, mientras yo instalaba la antena en la punta de la torre; primero la armamos abajo, vimos que funcionaba y luego la subimos. La subida del mástil estuvo a cargo de Jesús Ángeles y de Luis Segovia, excelentes montadores de estructuras que habían trabajado mucho conmigo y con mi padre para montar las torres de radio.

El día de mi santo —el 19 de marzo—, a las carreras, terminamos de presurizar la línea porque debía tener presión de nitrógeno; como había fugas, nos subimos, solucionamos este problema y quedó lista el 20 de marzo. Ese día pude por primera vez ponerle corriente a los dos pasos finales de audio y video, empezar a hacer los ajustes y ver que funcionara todo aquello. De esta manera, el 20 de marzo a las 10 u 11 de la noche ya estaba transmitiendo el equipo, pero tuvimos que checarlo con un patrón de prueba con círculos y rayas para comprobar la calidad de la imagen.

A las diez de la mañana del día siguiente se inauguró el Canal 2, con la presencia de un sacerdote que bendijo el transmisor. Puse una cámara para captar la bendición. Cuando vio eso Amalita, la secretaria del señor Azcárraga, casi se desmaya. Me dijo: "Nos van a correr a todos porque está prohibido estrictamente transmitir cualquier imagen religiosa o hablar de religión".

En ese tiempo, en la Secretaría de Comunicaciones, aún estaba prohibido hablar de religión en el radio y por supuesto en la televisión también. Lo que hice había sido algo espontáneo, pues se me antojó de pronto que se viera en la televisión la bendición de los equipos; me pareció muy oportuno hacerlo, sin acordarme de dicha prohibición. Pero ya ni modo; habían salido al aire la bendición de los equipos y el padre echándole agua bendita al transmisor. Nos quedamos temblando porque podían quitarle la concesión al señor Azcárraga. Afortunadamente no pasó nada de eso. Muchos años después, él nos confesó que sí vio la transmisión, pero no quiso decir nada para no preocuparnos.

Después de la inauguración, del equipo de 12 radiooperadores que tenía en la planta de la XEW, dejé entrenando a seis para encargarse de las transmisiones regulares de la W Radio y me llevé a los otros seis —entre ellos el yucateco Antonio Serhant como jefe, González Rosiles, Fernel Bobadilla y otros tres— a los nuevos estudios de avenida Chapultepec para echar a andar el transmisor del Canal 2 y el sistema de películas; esto último porque todavía no había ningún estudio integrado y los controles remotos los teníamos con el equipo Video Médico, que había instalado junto con Roberto Kenny en el autobús de control remoto. Roberto acababa de regresar de Chicago, Estados Unidos, donde tomó algunos cursos de producción en una escuela de televisión, y a su regreso se encargó del equipo de control remoto.

En ese momento existían en México aproximadamente 3 000 receptores —es decir, televisores—, pues bastantes casas ya contaban con ellos porque el Canal 4 se había inaugurado en septiembre y, como había llamado mucho la atención, los O'Farril y don Miguel Alemán importaron 500 receptores para repartir entre sus amigos, los políticos y los funcionarios del gobierno. Además, casas tecmerciales como Sanborn's y otras en el centro pusieron monitores en los aparadores para que la gente viera el informe presidencial de Miguel Alemán, transmitido por el Canal 4, lo que juntó multitudes en las calles de Madero para ver esa novedad.

Los primeros televisores fueron RCA, pero también hubo Packard Bell, General Electric y otros. Como el equipo que montaron los O'Farril era RCA, importaron todos los receptores de la misma marca, pero el señor Azcárraga le compró a la General Electric y a la Dumont. En el equipo de Televicentro no operaba ninguna cámara de RCA por razones de competencia y de entendimiento de alto nivel en la parte económica del asunto.

Entonces, nosotros arrancamos con equipo Dumont, las mejores cámaras de televisión que se han fabricado; a pesar de eso, la General Electric se encargó de quebrar a Allen B. Dumont, un magnífico ingeniero estadounidense que padecía de poliomielitis y fabricaba excelentes cámaras y transmisores.

Al principio, durante el mes de marzo, sólo transmitimos el beisbol en la mañana y una película de cuatro a seis de la tarde, aunque empezamos a grabar comerciales en un estudio completo. En abril abrimos dos estudios más y comenzamos a producir programas en vivo por la tarde hasta las ocho o nueve de la noche, aumentando progresivamente conforme terminábamos las instalaciones de los estudios en Televicentro. De ahí yo no salía para nada de las 10 de la mañana a 12 de la noche; todos los días andaba solucionando problemas, supervisando el avance de las instalaciones, encargándome del mantenimiento, preparando y organizando al personal.

En un inicio, cuando sólo hacíamos el control remoto del beisbol, únicamente trabajaban Pepe Martínez como técnico, un ayudante y Rodolfo Gasteazoro, a quienes preparé para los equipos a control remoto y las microondas; el primer estudio contaba con Mariano Hernández y Jorge Pérez H., dos operadores que manejaban el control maestro, adonde llegaba la señal del parque Delta y después de todos los estudios; y en películas teníamos a dos personas.

Como segundo de a bordo tenía a Antonio Serhant, porque era quien más sabía de la electrónica de la televisión; en el transmisor se encontraban Fernel Bobadilla y Luis González Rosiles; en el control remoto José Martínez Jáuregui y Roberto Kenny; y en audio, cuando hubo seis cámaras y dos estudios operando, trabajaban dos operadores de video, Mariano Hernández y Pérez H., y un microfonista en cada estudio. Éramos entonces como 15 personas en los dos estudios.

En poco tiempo, cuando ya funcionaban cinco estudios, el total aumentó a 50 personas más o menos, sumando a los de la iluminación, que es otro paquete técnico; la escenografía y la producción se cocían aparte. De la producción se responsabilizaron en un principio Luis de Llano Palmer con Roberto Kenny. De ahí en adelante fue creciendo Televicentro, sobre todo cuando se montaron los estudios de teatro, el A y el B.

Después al señor Azcárraga se le ocurrió que ahí se escenificaran las luchas, y al estudio A lo convertíamos en ring de lucha libre una vez a la semana. Ahí iban todos los luchadores famosos de la época, como *El Cavernario* Galindo y otros que hicieron historia, comenzando por El Santo, Blue Demon y Wolf Rubinsky, un muy buen actor de cine que participó en una docena de películas, aparte de ser excelente prestidigitador y con quien trabé una afectuosa amistad. Todo esto era muy divertido porque la lucha es puro teatro, y me divertía preparando el programa y cotorreando con ellos.

De política, negocios y educación

¿Por qué salió antes el Canal 4 que el Canal 2? A pesar de que había muchas solicitudes en los estados de la República, era muy difícil conseguir una concesión del gobierno. Creo que de alguna manera se las arreglaron el grupo de O'Farril y don Miguel Alemán para que el gobierno pusiera obstáculos a los pedidos de concesiones del señor Azcárraga; supongo —porque no hay nada escrito— que hubo tal vez acuerdos en los que le sugirieron que si quería concesiones, tendrían que ir a medias en el negocio de la televisión.

Esto es muy fácil de explicar por una sencilla razón: el Canal 2 dependía de la XEW Radio 100%, porque al principio aquél registraba únicamente pérdidas; los gastos de operación de un sistema de televisión cuestan diez veces más que los de uno de radio. Gracias a su elenco artístico y a su gran prestigio comercial, la XEW tenía vendido todo el tiempo y sus utilidades se iban íntegras para apoyar a la televisión en sus primeros pasos. Esta situación favorecía al Canal 2, pues el señor Azcárraga tenía los contratos de exclusividad de todos los artistas importantes que había en México: Pedro Vargas, Agustín Lara, etc. Todos los famosos cantantes y orquestas sabían que para alcanzar éxito debían oírse en la XEW. Por ello, el señor Azcárraga esgrimía como arma el hecho de que todos los artistas estaban con él y el Canal 4 no tenía gran cosa; pero éste argumentaba que estaban en sus manos las concesiones y las podía manejar a través del gobierno. Así fue como, supongo, se obligó al señor Azcárraga a que se fusionaran las dos empresas, lo cual dio origen a lo que en un principio se llamó Telesistema Mexicano, S. A., no Televisa.

La empresa que empezó a operar el Canal 2 fue Cadena Radiodifusora Mexicana, con una gerencia de televisión por parte del licenciado Antonio Cabrera y un director técnico de televisión que era yo, como encargado de los camarógrafos, locutores y operadores que entrené. Mi padre nunca se interesó en la televisión, pero nos ayudó mucho con toda la infraestructura de la radio y además conocía a todos en la Compañía de Luz y Fuerza, lo cual facilitó el suministro de toda la energía eléctrica que necesitábamos para iluminar los estudios. Creo que me dejó a mí la televisión para que me hiciera bolas, pues se hizo a un lado y no quiso trabajar en ella.

A partir de la fusión, Telesistema Mexicano comenzó a adquirir concesiones, lo que llevaba aparejado un cambio de los artistas, pero también de las películas porque el señor Azcárraga había sido promotor del cine. Antes de la televisión, él fundó los estudios Churubusco, que eran los mejores en México, y por lo tanto se hizo dueño de la producción de las películas. En consecuencia, en la televisión y en el cine no había quién pudiera competir con él, pero tuvo que negociar para obtener las concesiones del gobierno porque de otro modo ninguno de los dos podría progresar en sus intereses. Entonces, con la fusión se compartieron a los artistas y se otorgaron concesiones en todos los estados de la República, lo cual permitió que el Canal 2 y el Canal 4 instalaran sus respectivas repetidoras.

La historia del Canal 5 es diferente. Guillermo González Camarena había obtenido desde 1952 una concesión de la Secretaría de Comunicaciones para operar ese canal, que puso a funcionar como estación cultural, con el apoyo de la XEQ Radio y de su gerente, don Emilio Balli.

Con esa ayuda, Guillermo montó un estudio de televisión, sus cámaras, un transmisor y la antena en los altos del edificio donde estaba el teatro Alameda, en la calle de José María Marroquí, en el que operaban los estudios de la XEQ Radio. Así empezó González Camarena a hacer televisión cultural con el Canal 5.

Lo ayudé porque yo sabía de radiotransmisión, mientras que él era muy bueno en materia de video y de cámaras, además por el gusto de trabajar con él porque estaba trabajando en algo interesante. Como él era nocturno, me citaba para empezar a trabajar a las 11 de la noche y acabábamos al amanecer. Luego de echar a andar su transmisor, estuvo transmitiendo señales para niños; incluso para la entrada y la presentación del Canal 5 produjo una animación de un mundo que se hacía chiquito y grande, como en el programa de TV "Potencias de diez".

¿Por qué entonces González Camarena no creó un Canal 5 comercial? Pues porque se necesita mucha inversión. No llevó su sistema de televisión a una escala mayor por razones de poder económico, pero también de actitud ante la vida. Guillermo no quería saber nada de Palmolive ni de ningún anunciante; repudiaba la TV y el radio con fines comerciales, y esperaba que estos medios se aprovecharan para divulgar conocimientos y para mejorar el nivel cultural de la población a la que buena falta le hacía.

En contraste, don Emilio Azcárraga concebía la televisión como un negocio y no iba a apoyar a quien le hacía competencia con un televisor en blanco y negro. Él necesitaba estar bien con la NBC por cuestiones económicas y por eso debía relegar a segundo lugar otros conceptos. La televisión comercial representaba un negocio de millones y la televisión educativa no resultaba negocio. Don Emilio era, en primer lugar, un empresario.

Para cuando los canales 2 y 9 empezaron a vender tiempo para que se anunciaran Palmolive, General Motors y demás compañías, Azcárraga había invertido mucho dinero en la televisión porque costaba una millonada mantenerla funcionando y era un negocio apenas incipiente, pues no había suficiente *rating*; existían únicamente unos 5 000 televisores y se necesitaban más de 50 000 para volverla rentable.

Su mérito, como buen empresario, fue que supo ver hacia adelante. Cuando la XEW ya no tuvo que sostener al Canal 2, el señor Azcárraga comenzó a considerar la posibilidad de adquirir otro canal. ¿Pero cómo conseguirlo si todas las concesiones ya estaban dadas? Pues convenciendo a Gonzalez Camarena para que fueran socios. Le dijo: "No sea usted inocente. ¿Qué va a hacer en la vida con su canal? Nadie lo va a reconocer ni tiene dinero para poner una buena antena. Yo tengo todas las películas que se han hecho en México para pasarlas en la televisión. ¿Usted cree que se las voy a prestar? Si quiere entrar a la tele, hagámonos socios. Yo pongo lana, echamos el Canal 5 a funcionar y vamos a medias con las ganancias". Francamente se necesitaba ser necio para no aceptar una propuesta así; sería desaprovechar una oportunidad de ser gerente general del Canal 5, de ganar muy buen dinero, de pagarle una excelente educación a sus hijos, y nadie puede ser tan necio como para decir: "¡No señor, si no es televisión educativa no le entro!". Y así fue como el señor Azcárraga se asoció con el Canal 5, cuyo fundador fungió como director y concesionario hasta su trágica muerte en 1965. Sólo hasta cuando el Grupo Monterrey creó en 1969 el Canal 8 de Monterrey —lo que se llamó Televisión Independiente de México—, Telesistema Mexicano tuvo un competidor serio por varios años. Sin embargo, en 1972 mi buen amigo Emilio Azcárraga Milmo logró la fusión del Canal 8, lo que marcó el nacimiento de este consorcio gigantesco llamado Televisa.

Sembrando estaciones y talentos

A fines de los años 50, mi padre continuaba a cargo de la parte técnica de todas las estaciones de radio de la Cadena Radiodifusora Mexicana —especialmente de la XEW y de la XEQ—, así como del diseño y fabricación de transmisores en los talleres y laboratorios de la W.

Por mi parte, ya había terminado la carrera. En esos años, desde que me desprendí de la radio en 1950, me encargué del montaje del Canal 2, así como de la preparación del personal y de la parte técnica de los estudios de Televicentro, donde se producían los programas, y logré terminar las instalaciones principales en Televicentro. Ya estaba marchando la cadena de televisión, con el Canal 2 de la Ciudad de México y los canales 9 y 7 —que había puesto en marcha en 1953-1954—, canales que se establecieron en el Paso de Cortés, como un eslabón para que la señal televisiva brincara los volcanes y llegara hasta Puebla y Veracruz.

Luego, en 1956, eché a andar el Canal 3 en el Zamorano, a fin de ampliar la cobertura hacia el norte a la región del Bajío, Celaya, Guanajuato, San Luis Potosí, etc., una región muy poblada e importante; éste fue un trabajo que inicié desde andar buscando en avión un cerro que fuera adecuado por ese rumbo, hasta encontrar la montaña de el Zamorano en los límites de los estados de Querétaro y San Luis Potosí.

Después llevé a cabo pruebas hacia Matehuala, pero desde ahí resultó muy complicado llegar hasta Monterrey. Por ello, don Emilio pensó que era más conveniente instalar un transmisor directamente en Monterrey y me envió allá para encargarme de esta tarea; como se acababa de inventar el video tape, la idea era que en el futuro podríamos mandar allá grabaciones y pasarlas; pero mientras esto ocurría, antes de que se popularizara la cinta magnética, me dediqué a grabar películas de 16 mm de los programas de televisión, que mandábamos por avión para que al día siguiente se pasara en Monterrey por el Canal 10 la programación del Canal 2.

Paralelamente, desde 1950 me encargó don Emilio preparar un equipo de gente que manejara Televicentro desde el punto de vista técnico, no de ventas ni de administración. Para cumplir esta misión, primero puse un anuncio en el periódico: "Requerimos personal con interés en el aprendizaje de la televisión, que pronto será de uso común en nuestro país". Se presentaron un ciento de muchachos a la convocatoria.

Durante la entrevista yo les preguntaba: "¿Usted está interesado en entrarle a la televisión?". "Sí, ingeniero, cómo no". Seguía preguntándoles: "¿Qué sabe usted de televisión?". Todos respondieron algo así como: "No, pues técnicamente hablando, no sé nada". A los prospectos les dije entonces: "Les propongo que vengan a ayudarnos con la instalación de Televicentro. Aunque no les podemos pagar los primeros tres meses, después de ese tiempo y dependiendo de las habilidades que hayan desarrollado, entrarán en el escalafón de contratos por seis meses para revalidarlos cada mes; y si a los seis meses ninguna de las dos partes está de acuerdo se rescindirá el contrato y se acabará el compromiso". La mayoría respondía cosas como: "Sí, cómo no, ¿pero de qué voy a vivir estos tres meses que trabajaré sin cobrar?". Entonces les preguntaba: "¿De qué están viviendo ahorita?.... Pues de lo mismo". Y así, de los 100 entrevistados se quedaron 25.

En esa especie de curso intensivo de tres meses, al principio le decía a cada uno: "Como usted no sabe nada de televisión, primero debe aprender qué es esto, pues vamos a tratar de echar a andar una televisora. ¿Quiere aprender? Sí, ya sabemos que existen escuelas en Chicago, donde dan excelentes cursos, pero esos cuestan y aquí son gratis. Entonces no hay de otra: o lo acepta o lo deja".

Al final, de los 25 que empezaron 10 abandonaron y se quedaron 15 buenos prospectos, a pesar de que en realidad necesitaba sólo dos técnicos por estudio. Recordemos que ya había preparado a varios operadores de la XEW Radio para trabajar en la trecnmisión de televisión, y de los ayudantes de operadores algunos pasaron a ser responsables de la operación.

Entre los que se quedaron, recuerdo que como a los dos meses de haber empezado vi algo demacrado a un buen muchacho llamado Uriarte y le pregunté: "¿Qué, anda enfermo?". "No, ingeniero", respondió. Le dije que si tenía algún problema me tuviera confianza. "Mire, ingeniero, le voy a decir la verdad: es que no tengo dinero". "¿Y a qué le llama usted no tener dinero". "Es que no he comido", se animó a decir. Inmediatamente fui con el administrador, el licenciado Cabrera, y le solicité: "Por favor, a Uriarte hay que empezarle a pagar porque es un excelente elemento". De verdad lo era, y además vale oro quien aguanta al extremo de no comer y seguir trabajando. Fue el único, los demás se veía que podrían aguantar los tres meses de prueba.

Es un ejemplo de cómo es posible echar a andar una industria de punta, en este caso la televisión, si se impulsa a los jóvenes —aunque no sepan nada— explicándoles que esa industria está empezando y es una nueva carrera que no está en ninguna universidad, pero que tiene un futuro sensacional.

Algunos de los 75 candidatos que no entraron fueron a verme como a los seis meses y me dijeron: "Ingeniero, vine a la entrevista pasada, y la verdad las condiciones que nos puso usted eran muy difíciles y no podía aceptarlas entonces. Pero ahora quisiera entrarle". Como en realidad necesitaba más gente, les dije: "Si usted en realidad quiere entrarle, yo le sostengo la propuesta con las mismas condiciones". Al final, varios consiguieron su contrato, pero su trabajo les costó y no hubo nadie en contra de proseguir con ese sistema para conseguir personal. La idea era que los que pasaran la "prueba", obviamente tenían interés en aprender televisión y serían buenos elementos, cosa que así resultó.

Una vez llegó un ingeniero —se llamaba Rodolfo Gastiasoro y era de Costa Rica, me acuerdo muy bien de él— y muy directo dijo que le diera trabajo: "No tengo mi título porque no he hecho mi tesis, pero ya terminé la carrera de Ingeniero Mecánico Electricista". A él sí lo contraté desde un principio porque ya sabía de ingeniería y necesitaba un ingeniero mecánico electricista para que cuidara toda la parte eléctrica: los alternadores, la subestación y demás.

Esto me lleva a pensar acerca del esfuerzo que emprendieron los coreanos para sacar a su país de la absoluta miseria después de una guerra, que arrasó con todos los medios de subsistencia de un país tan retrasado técnicamente. Nadie les ayudó para llegar a donde están ahorita. Japón también salió adelante, pero con subsidios estadounidenses y llegando a arreglos. En cambio, los coreanos demostraron que si el pueblo y el gobierno reúnen esfuerzos enfocados al objetivo común de mejorar el nivel de vida de la gente, con resultados económicamente visibles a corto plazo, ese país se va a ir así para arriba. Corea, sin petróleo, con honestidad y arduo trabajo en bien del interés nacional, logró llegar a donde ahora está.

En contraste, en México no existe un gran proyecto de bienestar para el país. Lo único que el gobierno sabe decir es: "Estamos haciendo un millón de casas, y para llevarlo a cabo pedimos un préstamo del Banco Interamericano de Desarrollo". ¡Pues ya la amolamos!, porque tendremos que ¡pagar intereses eternamente!

Entonces, para finales de los años cincuenta había preparado a los técnicos de Televicentro y tenía a mis jefes: Mariano Hernández del control maestro; Roberto Espinosa de los controles remotos; Pepe Martínez de los sistemas de microondas, y Antonio Serhant de los transmisores y de mantenimiento, así como a los encargados de los estudios. Cada estudio contaba con un operador de cámaras y ellos mismos —más o menos eran 25 operadores, divididos en grupos de dos o tres— les daban mantenimiento a las cámaras de televisión. De esta manera, contaba con un grupo muy capaz de operar y dar servicio a las cámaras durante los ensayos y los programas.

Recordemos que a mediados de los cincuenta aún se transmitía en vivo, pues no existía la cinta de video (hasta 1956 o 1957 no salieron las primeras grabadoras de video): si ocurría algún error en el programa, lo veía el televidente. Por ello los ensayos eran muy rigurosos. Por ejemplo, en un programa de media hora de alto nivel patrocinado por la Ford donde se presentaba la orquesta de Raúl Lavista, que era sensacionalmente buena, los ensayos duraban dos horas con cámaras y todo; probábamos desde la iluminación, y si se movía mal la cámara, pues se repetía y se volvía a repetir hasta que saliera correctamente. Nos basábamos en un libreto muy preciso para los camarógrafos, porque lo que salía al aire no lo podías echar para atrás. Sólo cuando se inventó la grabadora de video surgió la posibilidad de ensayar y pegar todas las partes buenas de la cinta para sacar un programa perfecto, pero entre 1951 y 1956, lo que aparecía en la pantalla de televisión era lo que se hacía en vivo.

Chachareando en Nueva York

Para cuando el Canal 2 se inauguró en 1951, todo lo que sabía sobre la televisión lo había aprendido en el laboratorio de la W que monté, así como leyendo libros y revistas, porque no la estudié formalmente. No me tocó ver cómo funcionaba una televisión en Estados Unidos hasta un año después, cuando fui con don Emilio a una reunión con la NAB (National Association of Broadcasters que aún no tenía la televisión metida en el título) a las que empezamos a ir regularmente cada año; entonces en el Canal 2 sólo transmitíamos al aire las películas y apenas iniciábamos la producción.

Resulta que la televisión comercial surgió al acabar la guerra en la NBC (National Broadcasing Company) en el Rockefeller Center. Ahí se encontraban los estudios de la NBC, y la televisión tenía como cinco años funcionando en Estados Unidos. Primero hubo un intento en 1939, al ser presentada en la Feria Mundial de Nueva York, pero con el inicio de la segunda Guerra Mundial se suspendió totalmente su promoción y se quedó en un compás de espera hasta después de 1945, al acabar el conflicto armado.

Siempre que visitaba Nueva York iba a los *surplus* de la calle 50 porque soy un comprador compulsivo y encontraba casi regaladas una cantidad impresionante de cosas interesantísimas, sobrantes de guerra. Una vez con Emilio Azcárraga Milmo, compramos 100 transmisores completos de 100 watts y antenas como de tanque de guerra; los adquirimos como negocio para vendérselos en México a los aficionados o a los propios operarios de Televicentro o de la W; cada transmisor costó 10 dólares, ¡regalados!, y los vendimos en 20 dólares cada uno.

Durante la guerra hubo una época de bonanza en México, que duró hasta los años sesenta, porque había la necesidad de hacer cosas aquí; si se nos quemaba un motor no podíamos comprar otro en Estados Unidos, pues allá estaban ocupados en fabricar implementos bélicos, y había que fabricarlo aquí.

Las convenciones de radio y televisión se realizaban por la mañana, durante la cual veíamos la exhibición de los nuevos equipos y cámaras. Ahí hablaba con los vendedores de RCA, General Electric, Dumont, que en ese orden eran las firmas de mayor importancia económica; los mejores equipos eran Dumont y lo peores eran General Electric. En las tardes me iba a mis chachareos.

En Pearl Street, Edison montó la primera termoeléctrica de vapor para iluminar dos o tres calles de la parte baja de Nueva York, muy cerca del puente de Brooklyn. Por allí, en Vesey St., iba a ver qué encontraba en la tienda de un amigo judío, ubicada en el sótano de un edificio viejo de 12 pisos que él usaba como bodega, excepto su casa que estaba en el sexto o séptimo piso; me lo recomendó mucho el ingeniero Muzquiz, un cercano amigo de mi papá que trabajaba en el desarrollo de prototipos de transmisores grandes. Ahí me compraba aparatos y cosas raras que eran novedades en el aspecto técnico, como bulbos de transmisión y todo lo de alta frecuencia de los radares; por ejemplo, compré creo que en ocho dólares una preciosidad de transmisor de radar de 500 megahertz, en ese tiempo muy novedoso.

Todavía hasta los años sesenta continué yendo cada año a las convenciones de la NAB, que siempre se realizaban en Chicago o en Nueva York. Justamente en ese tiempo, aquel amigo de Nueva York me dijo que iba a vender su casa porque estaban por demolerla para construir dos edificios gigantes en una gran plaza de cuadro de cinco o seis manzanas chicas, que tendría también otros edificios alternos y un jardín en el centro.

Efectivamente, al siguiente viaje a Nueva York ya se estaban construyendo las Torres Gemelas, que por ahí de 1966 o 1967 llegaban a los diez pisos. Tenían tales *columnones*, que me dije: "¡Qué bruto, estas columnas son indestructibles!"… Se hicieron para cargar más pisos que el Empire State, de acero, cuadradas, como de 3 metros de ancho, y tenían como 10 pisos de alto; eran columnas de "cajón", con placas que se cierran en cuadro, sólo con refuerzos para que no se doblen las placas. Cada tres metros, acababan arriba en ojiva y se cerraban como en un arco; ésa era la parte baja de ese edificio. Hagan de cuenta que era una estructura interna forrada, pero en la cual el forro trabajaba también como columna. ¡Impresionantes! Tengo película de esa etapa de la construcción de las Torres. Luego dejé de ir a Nueva York muchos años.

En la convención de la NAB de 1956, la Ampex (acrónimo de su fundador Alexander M. Poniatoff Excellence), que era el más famoso fabricante de cintas para grabación magnética, sacó a la venta las grabadoras y reproductoras de imagen. Esa vez fuimos con Guillermo González Camarena, quien se había asociado con don Emilio por el Canal 5 y había comprado equipo de General Electric.

Esto último resulta importante aclararlo porque mucha gente piensa que todo el equipo del Canal 5 lo formó González Camarena, cuando en realidad sólo integró el primer equipo con el que trabajó en los estudios de la XEQ. Cuando se asoció con el señor Azcárraga, éste nos dijo a todos —pero en especial a él— que la televisión era un negocio de profesionales y, por lo tanto, que se compraría equipo hecho por profesionales de reconocida fama, como el fabricado por General Electric o RCA. De esta forma, se detuvo el proyecto de producir transmisores de televisión en México, porque el único que pensaba hacerlo era González Camarena (y después José Martínez). Evidentemente, asociarse con la empresa que después se convertiría en Televisa implicaba para González Camarena la disyuntiva de dedicarse al negocio de los transmisores o al de producir programas de televisión; finalmente se decidió por esto último.

Las primeras grabadoras de video de la Ampex fueron en blanco y negro. El equipo completo era como del tamaño de dos escritorios. Tenía espacio para el rollo vacío y el lleno, y en medio corría la cinta a alta velocidad sobre un eje perpendicular a los ejes de los dos carretes horizontales; la cinta —de dos pulgadas de ancho— pasaba por un dispositivo que le hacía vacío por atrás para provocar la curva al radio del cilindro grabador, es decir, de la cabeza que grababa.

La cabeza cilíndrica sonaba como un avión, pues corría a 3 000 o 4 000 revoluciones por minuto. Cada rollo medía 40 cm de diámetro por cinco de alto, y duraba media hora. Además, no se podía reproducir en otra máquina lo que grababas en una, porque las sincronías no funcionaban, así que el programa se tenía que reproducir en la misma máquina en que se grababa.

Ese problema se solucionó en 1957, cuando la Ampex publicó que la grabación ya se podía reproducir o sincronizar en otra máquina, y a partir de ahí empezó a ser realmente útil la grabación de video porque nos permitió mandar los carretes a Monterrey para que ahí los reprodujeran. Cada programa requería dos rollos, cada uno de los cuales pesaba ocho kilos de pura cinta; se metían en unas cajas cuadradas como portafolios de 10 centímetros, pero bien pesaditos. Había que estudiar los instructivos para manejar la máquina, porque era muy complicada y aún de bulbos. Así empezó la grabación de video.

El transistor ya se había inventado, pero todavía no resultaba práctico porque era un dispositivo muy ruidoso y no podía aprovecharse comercialmente; se usaba sólo en los laboratorios para diseñar piezas futuras, pero no se vendía nada comercial que tuviera transistores, excepto los radio experimentales de bolsillo.

Para entonces en Estados Unidos la TV a color ya estaba establecida con programación diaria y de las cadenas, pero la grabación se realizaba en blanco y negro, porque aún no existía la grabadora y el reproductor a colores.

El misterioso González Camarena

En esa presentación de la Ampex de 1957, a Guillermo González Camarena se le ocurrió llevar un rollo en el que estuvo trabajado con la televisión a colores que desarrolló. Para ese año, él ya había abandonado el impulso de fabricar en México las cámaras y los equipos, pero seguía con su deseo; así que en su laboratorio descubrió —no sé si por casualidad o porque lo estaba buscando— algo novedoso. Como Guillermo dibujaba excelentemente bien, se "aventó" la animación a puro cuadrito de un "círculo" que giraba, al estilo de Walt Disney, y lo grabó en una de las primeras grabadoras que llegaron a Televicentro. Cuando terminó la presentación de Ampex, le dijo a uno de los ingenieros, en una actitud misteriosa: "Por favor, antes de que apague todo, ponga un momento por curiosidad este rollito que traemos". El ingeniero lo puso y salió ese "círculo" en la imagen de un monitor blanco y negro, pero en él se veían colores;… ¿cómo?... por medio de un efecto estroboscópico, Guillermo había conseguido que el ojo captara las señales de blanco y negro, cortadas de cierta manera, como si fueran de color. ¡Los ingenieros de la Ampex se quedaron con la boca abierta! Guillermo, quien era el misterioso, dijo: "Este efecto ya lo tengo bastante desarrollado".

Guillermo González Camarena era un hombre muy listo, con una habilidad impresionante para dibujar, como no había visto otro, exceptuando quizá a Antonio Elizaga, un amigo mío y compañero de la carrera. Sin embargo, Guillermo fue además un joven muy activo e interesado en muchos temas, como ya he comentado páginas atrás.

En mi opinión, fue un hombre encomiable. Quienes hemos tratado de emprender proyectos, conocemos las dificultad que existe en México, la inercia que impide realizarlos, y en el momento en el que alguien saca la cabeza, surgen otras diez que se la quieren cortar para que no vaya a sobresalir… Ésa es la actitud de la mayoría de la gente que está en una posición de poder: hundir a otra. Espero que eso se acabe pronto y esto me recuerda a don Fidel Velázquez, cuando describió maravillosamente este hecho con unas cuantas palabras: "El que se mueve, no sale en la foto".

No sé qué tanto impera aún, pero en ese entonces Guillermo ilustró la historia de un muchacho que fabricó una cámara de televisión en medio de la ignorancia total, porque nadie en México sabía nada de televisión ni pensaba en ella. Y en ese contexto, encontró resultados —igual que mi papá en el radio—, los puso en práctica para volver realidad su fantasía, juntó dinero —porque no se lo regalaron, ya que él trabajaba como ayudante de operador de audio en la XEDP de la Secretaría de Educación—, compró su *kit*, lo armó y lo puso a funcionar, él solo, entre todos los jóvenes de este país.

Además, dibujaba excelentemente bien, un don que le regaló Dios. E incluso se le ocurrió estudiar hipnotismo y resultó que poseía una gran facilidad para hipnotizar a la gente. Era muy divertido porque una vez, mientras estábamos sentados en un restaurante, me dijo: "¿Ves al señor que está ahí? Pues ahora vas a ver cómo de repente le dará sueño". Y en efecto me tocó constatar que ese señor que estaba platicando con un amigo, de pronto cruzaba la mirada con Guillermo y empezaba a bostezar.

Por culpa de él, a mí y a mi papá también nos dio por el hipnotismo. Nos abocamos a entender la técnica para aplicarla y ejecutábamos experimentos por interés puramente científico. Por ejemplo, recuerdo mucho el caso de un estudiante de medicina que se apellidaba Flamand, quien era amigo mío; en el Café Victoria, donde solía reunirme con González Camarena, llevé una vez a Flamand y le pregunté a Guillermo: "¿Crees que sea fácil de hipnotizar?" Asintió con la cabeza y lo hipnotizó…

En otra ocasión experimentamos con un muchacho amigo mío. Esa vez lo hipnoticé yo, aunque sabía que el hipnotismo puede resultar muy peligroso y que es mejor no meterse en eso, porque no se sabe lo suficiente sobre este tema e implica una responsabilidad muy grande, pues a veces salen mal los experimentos. A este muchacho simplemente le dije: "Acuérdate de cuando tenías cinco años. ¿Dónde estás?". "Estoy con mi mamá, vamos al pan", y dio el nombre de la panadería; "compramos el pan y ya nos vamos a la casa". Después le dije: "Ahora que te despiertes, no te vas a acordar de lo que dijiste. Cuando diga 'tres' te vas a despertar. Pero cuando estés despierto y oigas la palabra 'clarín', de nuevo te vas a quedar dormido". Ya despierto, le preguntamos si se acordaba de cuando iba a comprar el pan con su mamá, y respondió: "La verdad no". "¿No te acuerdas de nada?" Se le había borrado ese recuerdo. "¿Pero sí ibas a comprar el pan, verdad?". "Pues no me acuerdo".

Como mientras estaba hipnotizado nos dio el nombre de la panadería y de la calle donde se encontraba, fuimos a esa esquina y en efecto ahí estaba la panadería. Eso no me lo platicaron, ni lo leí en ninguna novela: lo viví.

Como a Adrián Breña también le interesaba el hipnotismo, luego él hipnotizó a Arturo Osorio, compañero nuestro de la Facultad de Ingeniería. Le dijo: "Lo que te vamos a hacer no te dolerá nada". Entonces, le pasamos una aguja a través de la piel del dorso de la mano y ni siquiera se movió, y cuando se la sacamos no le sangró. ¡Quiero ver si le atravieso la mano con una aguja a alguien y no pega un brinco! Adrián le puso un poco de alcohol y luego lo despertó. Arturo nunca se habría enterado de que le clavamos una aguja, si no fuera porque sacamos fotos para que las viera después.

Recuerdo también que Guillermo aprendió sin maestro a tocar el órgano porque le gustaba el jazz de la época. Era un tipo fantástico, algo misterioso. Todo lo hacía él solo y no comentaba nada. Por ejemplo, de televisión nunca quiso que habláramos. Alguna vez intenté platicar sobre sus cámaras, y él lo tomó como si quisiera robarle sus conocimientos. Le dije: "Ahí le paramos, porque no me interesa en lo más mínimo lo que sabes de televisión. Somos amigos y ya".

De ese tipo de carácter es el inventor, el que no te va a revelar nada sobre cómo logró su invento porque es suyo; eso no es ningún defecto, sino algo natural en alguien con mentalidad de inventor. Así era Guillermo González Camarena.

En cambio, yo no tengo mentalidad de inventor, como ya lo he dicho en otras ocasiones.

Unión empresarial de talentos

Deseo contar ahora sobre la empresa constructora de transmisores de radio que constituimos. Me parece importante porque fue la primera empresa que se creó en México para fabricar radiotransmisores comerciales.

Resulta que mi amigo Carlos Caballero y yo tuvimos la idea de crear la Compañía de Ingenieros en Comunicaciones Eléctricas, S. A. (CICESA), cuando él trabajaba para General Electric. Había terminado la guerra, y empezaba a restablecerse la relación comercial formal entre la XEW —estación que contaba con los transmisores más potentes en el país y que compraba más bulbos— y los fabricantes de bulbos de alta potencia como General Electric, RCA, Phillips, Machlett y otras empresas proveedoras.

En ese tiempo, la XEW ya había formado una cadena de alta potencia —es decir, con estaciones de más de 100 kilowatts—, empezando por establecer cuatro estaciones y después instalar estaciones pequeñas en otras ciudades como San Luis Potosí. Narré antes cuando me encargué de montar la XEWA en esa ciudad, como parte de mis responsabilidades como empleado de la Cadena Radiodifusora Mexicana.

Cuando me dediqué a la televisión, mi papá se encargó —junto con el equipo de trabajo que yo había organizado y preparado en la planta de la W— de montar la XEWB en Veracruz y la XEWK en Guadalajara; a esta última le tocaba ser la XEWC, pero a nadie le pareció oportuno que se llamara así… Con estas dos se completaron las cuatro estaciones de alta potencia de la cadena W: XEW en México con 250 kW, XEWA con 150 kW y XEWB y XEWK con 50 kW.

Poco después, gracias a las microondas, surgió el concepto de estaciones de muy baja potencia, que se colocarían en el centro de las ciudades; eso equivalía a una de alta potencia pero que transmite desde muy lejos. Su ventaja era que, al operar en la parte céntrica de una ciudad, tenían un alcance suficiente en una zona muy poblada.

Por mi parte, había diseñado un sistema de antenas que eran muy eficientes y se instalaban arriba de cualquier edificio; pude haberlas patentado, pero en ese tiempo ni se me ocurría.

Carlos Caballero y yo partimos del hecho de que, para ser eficiente, una antena necesita abarcar una fracción importante de la longitud de onda en la que se transmite; en el caso de AM, se trata de una longitud de onda de 300 metros, y una altura significativa es de ¼ de esa longitud, o sea 75 metros. Entonces, ideé un sistema de ⅛ de longitud de onda —es decir, que requería sólo unos 40 metros de altura— y una contra-antena. Esto no era nada nuevo; lo novedoso era que diseñé una especie de parrilla de alambres puesta en el techo del edificio —generalmente buscábamos que fuera del orden de 150 metros cuadrados, de 15 × 15 metros o algo así— y con esta parrilla montábamos una versión de contra-antena; era una especie de dipolo que funcionó muy bien.

Este sistema se lo propuse a la Secretaría de Comunicaciones y Transportes, encabezada en ese tiempo por el doctor Eugenio Méndez Docurro, fundador y director del Conacyt, designado por el presidente Echeverría, quien posteriormente le dijo que no podía ser al mismo tiempo secretario de Comunicaciones y director del Conacyt.

Después de que Eugenio Méndez aprobó la idea de las antenas comenzamos a practicar un gran número de instalaciones.

Carlos Caballero había sido agente de ventas de General Electric. Egresado del Poli, luego había estudiado en Nueva York las formas de trabajo de esa compañía, y a su regreso a México se encargó de las ventas de bulbos de la General Electric a las estaciones de radio. Su principal cliente era la Cadena Radiodifusora Mexicana, es decir, la empresa que manejaba la XEW Radio. Por lo tanto, había adquirido una gran experiencia en todo lo administrativo y en ventas, además de ser conocido por todos los radiodifusores que le compraban.

De esta manera, podíamos formar un excelente equipo si juntábamos su experiencia con mi prestigio, derivado de las invenciones de mi papá en las instalaciones de la XEW. Con base en eso decidimos crear la empresa fabricante de radiodifusoras que llamamos CICESA, con mi padre como presidente.

El nacimiento de CICESA arrancó con la venta de un bulbo —un bulbo 893 de mediano tamaño que costaba alrededor de 10 000 pesos— que fue reportado como gaseoso por una estación de radio. Puesto que efectivamente estaba dañado, la General Electric lo repuso por uno nuevo. Carlos Caballero recogió el bulbo gaseoso y habló a la General Electric para ver cómo se los enviaba a Estados Unidos; la empresa respondió que no valía la pena, que se lo guardara.

Cuando me lo comentó Carlos, le dije que era una oportunidad porque si yo lograba desgasificarlo tendríamos un bulbo que valía 10 000 pesos. Efectivamente, había desarrollado mi padre un sistema diseñado inicialmente pera desgasificar los bulbos que guardábamos de refacción.

Ciertos bulbos, no todos, desprenden gases interiores, pero no porque tengan una entrada de aire, sino simplemente porque se sueltan gases que estaban en los metales del interior del bulbo, y entonces baja el vacío, aumenta la presión del gas y se ioniza cuando se le somete a un alto voltaje —se ve como si fuera un tubo fluorescente—. El caso es que si tiene gas, el bulbo no funciona. Por ello, cuando éste ya se encuentra totalmente cerrado, para reafirmar el vacío los fabricantes evaporan dentro del bulbo una capsulita metálica —de un metal que podría ser magnesio—, mediante una acción externa; al evaporarse y condensarse en el vacío, ese procedimiento absorbe los gases que aún quedaban.

Con esos antecedentes, me puse a trabajar con inducción de alto voltaje afuera del bulbo y logré reocluir los gases. Para convencerme de que funcionaba bien, puse el bulbo en el transmisor de la XEW en la noche y, como estaba prácticamente nuevo, lo dejé trabajando dos o tres días en la W. Funcionó perfecto. Con su venta, obtuvimos un fondo para iniciar CICESA, de 8 000 y pico de pesos, lo suficiente para rentar una oficina, tramitar el acta constitutiva y echar a andar la empresa. Empezamos a operar, primero, pensando en representar a compañías estadounidenses para vender partes electrónicas, por lo que rentamos una oficina ubicada en Ramón Guzmán 132, entre Paseo de la Reforma y San Cosme. Ahí iniciamos operaciones; luego decidimos rentar una casa y nos mudamos hasta el final de la calle de Tamaulipas, por donde está el cine Lido, que luego se llamó Bella Época y hoy es la librería Rosario Castellanos del FCE, y convertimos la casa en fábrica; allí empezamos a construir una serie de transmisores de principio a fin, con base en un prototipo que yo había construido para la XEQ, pagado por esta emisora.

La primera radiodifusora que produjimos, ya como empresa, fue para Radio Chapultepec, que estaba y sigue estando en avenida Chapultepec. El equipo completo lo armamos en CICESA: transmisor de radio, equipo de estudio, mezcladores, sistema de antena…, todo.

Ése fue el arranque de la empresa, y de ahí en adelante en CICESA nos seguimos construyendo e instalando estaciones de radio en unos 80 lugares de la República, durante 20 años, entre 1950-1970. En aquel tiempo, un transmisor de 250 watts —los más chicos que fabricábamos— costaba más o menos 50 000 pesos, y el de 500 watts estaba como en 60 000; la pequeña diferencia de precio se debía a que prácticamente sólo se trataba de cambiar el tamaño de los bulbos. También teníamos el modelo de 1 000 watts.

Nosotros le vendíamos al concesionario el paquete completo, comenzando por ayudarle a obtener la concesión ante la Secretaría de Comunicaciones. Si una persona quería abrir una estación, por ejemplo, en Zacapu, Michoacán, y no sabía cómo gestionar los trámites ni cómo conseguir la concesión, nosotros le ofrecíamos asesorarlo para obtenerla y luego, si quería, le poníamos en marcha la estación completa, con estudios, la planta, la torre…, todo. Presentábamos contratos globales muy interesantes, ofreciendo al cliente su entera satisfacción, y ganábamos bastante dinero.

Lo único que no fabricábamos en CICESA eran transmisores grandes. De éstos, mi padre y yo construimos los de la XEW, la XEQ, la XEWA, la XEWB y la XEWK y modernizamos inclusive el de la XEX, que era una estación competidora. Esta última la rehizo Walter Buchanan, pero con los conceptos de mi padre y él le ayudó a ajustarla. Algunas partes de la nueva XEX se produjeron en CICESA.

La XEX representaba la competencia del gobierno mexicano a través de Alonso Sordo Noriega, quien fue anunciador en la XEW y se disgustó con don Emilio Azcárraga. Sordo Noriega era medio político y en tiempos del presidente Ávila Camacho consiguió que se reabriera una estación con la concesión que se expropió al doctor Brinkley, un famoso médico estadounidense que instaló una estación tan potente como la W —o sea, de 500 kilowatts— en Villa Acuña, ahora llamada Ciudad Acuña, Coahuila, enfocada hacia Estados Unidos y en inglés. Como la emisora estaba fuera de la ley porque en México no se permitía transmitir en inglés —pese a que durante un tiempo se lo permitieron al doctor Brinkley, con tal de conservar la frecuencia libre—, llegó el día en que este arreglo turbio llegó a su fin y le expropiaron la concesión.

Por cierto, el doctor Brinkley se volvió millonario vendiendo la idea de que con un polvito de glándulas de testículos de chivo supuestamente se lograba más éxito sexual; el tipo pedía un dólar para mandar una bolsita con polvo y las instrucciones. En Estados Unidos es refácil ganar un millón de dólares, porque basta que un millón de personas manden un dólar.

Por otra parte, debemos a José Martínez Jáuregui —a quien me referí en el capítulo anterior— la única exportación que realizó CICESA. Tiempo atrás, él me había ayudado a montar la antena de Canal 2. A partir de entonces, como se interesó más en la televisión, entre mi papá y yo lo fuimos instruyendo en los asuntos prácticos y técnicos del trabajo en TV. Pero además, al mismo tiempo, se metió a la Facultad de Ciencias de la UNAM, donde estudió física dos o tres años; luego se cambió a la Facultad de Ingeniería, donde también cursó sólo dos o tres años la carrera de Ingeniería Mecánica y Eléctrica y no la acabó porque en esas fechas surgió la oportunidad de empezar la televisión en Centroamérica, y Emilio Azcárraga Milmo y yo consideramos que él era la persona más indicada para asesorarlos en el arranque de la televisión. Así que José Martínez se fue a El Salvador, donde permaneció tres o cuatro años para echar a andar la televisora de ese país. Fue ahí donde tuvo contacto con un empresario salvadoreño que quería un transmisor de radio de 10 000 watts, y convinimos en fabricarlo entre él y CICESA.

Fade out: adiós a la televisión y la radio

En total, en Televicentro trabajé diez años, desde 1949 hasta 1959, cuando mi padre se enfermó de la espalda y lo fui a ayudar a la XEW Radio, sobre todo porque en ese momento se estaba cambiando a Iztapalapa la planta de calzada de Tlalpan 3000, porque ya no cabía en los edificios de ahí. De esta manera, me tocó dirigir la construcción del nuevo edificio en Iztapalapa, encomendado por la XEW al ingeniero Tena, y luego proceder al cambio de los transmisores. Por ello me desentendí de la televisión y regresé al radio por un par de años, hasta que dejé ambos medios de comunicación.

¿Por qué me retiré de la televisión y la radio? Por varias razones. La primera es que durante los diez años que tardé en acabar mi carrera de Ingeniero Mecánico Electricista —pues nunca dejé de ir a tomar clases a la Facultad mientras fui director técnico y encargado del Canal 2, del 3 y del 9— entablé amistad con muchos compañeros. Entre ellos se encontraban los hijos de los hermanos Campos, quienes me invitaron a colaborar en su empresa. Abundaré sobre esto después.

Por otra parte, hubo un suceso que me desanimó mucho. Cuando el 16 de julio de 1956 inauguramos el Canal 3 en El Zamorano, cuya repetidora había montado en San Luis Potosí, se organizó una gran fiesta. Emilio Azcárraga Milmo me llevó en avión, porque yo andaba mal de la espalda. Al acabar la ceremonia, en la tarde los albañiles organizaron una barbacoa y comenzaron a ver la tele, donde estaba pasando una película de Los Tres Chiflados; la imagen se veía muy bien. Sin darse cuenta de que yo estaba detrás de ellos, uno de los albañiles le dijo al de junto: "¿Ya viste lo que están viendo ahí? ¿Para estas pendejadas hemos trabajado tanto?". Así, literalmente… y yo me dije: "Es cierto lo que dice el albañil…". Esa anécdota y otras razones me desanimaron y empecé a pensar en cambiar de actividad.

Finalmente, en ese momento ya conocía todo lo que había que saber acerca de la televisión, y estaba al máximo de la frontera del conocimiento en este campo, incluso enterado de las normas de la televisión a colores, que ya era una realidad, pero ya estaba saturado de la televisión.

Por estas razones, en una de las reuniones de la NBA de Estados Unidos, en Chicago, le dije a Azcárraga: "Don Emilio, me están llamando los señores Campos —él los conocía muy bien porque antes los había contratado para construir las torres de la radio—, y quieren que les ayude a echar a andar unos equipos. Deseo ausentarme un par de meses". Emilio Azcárraga me respondió: "Bueno, ¿y ya tienes gente que maneje todo en Televicentro?". "Sí —contesté—, ya saben lo que tienen que hacer y voy a estar al pendiente. Lo único es que no estaré presente físicamente, como en los últimos nueve años, mañana, tarde y noche". Él me dijo: "Si es así, pues vete. Ya te quieres ir a ganar dinero. Cuando te necesitemos te hablaremos".

En efecto, como ingeniero independiente podía ganar igual de lo que recibía contratado en Telesistema Mexicano, como se llamaba en esa época, después de la fusión entre Canal 2 y Canal 4.

Le aseguré que sólo era una temporada mientras instalaba los equipos, pero lo cierto es que ya nunca regresé a la televisión. Dejé de ir a Televicentro, pero instruí a Antonio Serhant, que desde ese momento quedaba al frente, que ante cualquier problema me hablara a Campos Hermanos. Aún seguí atendiendo algunos asuntos de Televicentro; todavía subsistían muchos trámites que aclarar sobre la fusión con el Canal 4, sobre los costos de los equipos y la comparación de lo que habían puesto el Canal 2 y el 4. Por lo mismo, seguí muy relacionado, pero no al tanto de lo que pasaba a diario, pues los técnicos que había preparado respondían y toda la televisora funcionaba muy bien.

Como al año, un día me llamó don Emilio Azcárraga para saber si ya me iba a ir definitivamente de Telesistema. Le dije que sí porque ya estaba encarrilado y contento en Campos Hermanos. En consecuencia, me mandó con su secretaria Amalita Gómez Zepeda para que me liquidaran. Fui a verla, hicieron mis cuentas y me liquidaron muy bien —no me acuerdo si fueron 80 000 o 100 000 pesos—, y así me separé totalmente de la televisión.

Sin embargo, continué trabajando un tiempo más en W Radio —de donde no me liquidaron porque seguía como jefe de operadores de la XEW—, así como con mi empresa CICESA, que funcionaba muy bien con Carlos Caballero, mi socio. Por ello, en esa etapa simultáneamente tuve tres trabajos.

En Campos Hermanos trabajaba como burro —porque allí sí se trabajaba— de ocho de la mañana a cinco de la tarde, y de ahí me iba a cumplir con mis responsabilidades como jefe de operadores de la W. Aún vivía en la planta de la W, en San Felipe en Iztapalapa, y por las noches —de vez en cuando, si no es que diario— me tocaba ver cómo andaba la estación; cuando mi papá se alivió, él se fue a vivir también allá. Al día siguiente, todos los días me lanzaba de Iztapalapa a Tlalnepantla, donde se ubicaba Campos Hermanos, a cubrir mi horario, y al terminar me iba a veces a Televicentro para ver si todo estaba en orden, antes de partir a la planta de la W.

A finales de 1961, dejé totalmente el radio y la televisión y me contrataron de tiempo completo en Campos Hermanos, donde permanecí casi diez años.

4 El mundo del acero

Consecuente con su vocación multidimensional, el ingeniero José de la Herrán da cuenta en esta parte sobre cómo se forjó una trayectoria en el mundo del acero; un ámbito muy distinto del de la radio y la televisión en donde se había movido, el cual empequeñecía ante los grandes volúmenes y cantidades que se manejaban en la industria pesada.

Este trabajo, igualmente pesado, lo desempeñaba con gusto, entrega e incluso pasión, a sabiendas de que ahí se generaba algo importante para el país.

Fabricación de aceros especiales

En los largos años que estuve en la carrera de Ingeniería trabé amistad con los hijos de los dueños y fundadores de la empresa Hermanos Campos, principalmente con los de don Germán Campos. Coincidió que todos sus hijos entraron en la UNAM a estudiar Ingeniería Mecánica y Eléctrica. Como yo iba sólo cuando podía a la Facultad de Ingeniería, a lo largo de alrededor de una década en la que cursé la carrera —es decir, entre 1945 y 1954— me tocó ir conociendo a varios de ellos, desde los más grandes hasta los más chicos, sobre todo a los cuatro principales: Germán, Octavio, Raúl y Miguel, quien murió muy joven. Inclusive, tiempo atrás, había conocido a don Germán Campos porque entre 1939 y 1940 su empresa nos hizo en su planta la primera torre antena de la XEW, que fuera la estructura más alta de América Latina durante muchos años. La torre tenía 186 metros de altura, de modo que equivalía a un edificio de 70 pisos.

Luego pasó un periodo largo sin saber nada de la familia Campos, hasta que, gracias a los equipos de alta fidelidad que yo fabricaba en una época que ya comenté, tuve oportunidad de tratar más a don Germán, o sea al papá de quienes poco después serían mis compañeros. Él me pidió que le instalara en su casa mi sistema pseudoestereofónico. Cuando se lo mostró a su hermano Francisco, uno de los menores, él también me pidió un equipo y nos volvimos amigos a fines de los 1950.

En aquellos tiempos quien mandaba era Raúl, el mayor de los hermanos Campos, era como el capitán del barco. Don Germán era un año menor que él, luego venían como cuatro hermanas y al final, con diez años de diferencia, Francisco y Arturo, el más joven. Cuando estos últimos se recibieron, Raúl y Germán no sólo habían fundado la empresa Campos Hermanos sino que ésta ya era importante.

Cuando se titularon Francisco y Arturo, sus dos hermanos mayores tuvieron con aquellos un acto maravilloso de generosidad, al cederles la mitad de las acciones de la empresa; es decir, al recibirse, cada uno de los grandes le dio la mitad de sus acciones al chico, y así entraron a la empresa de igual a igual en inversión. Esto representó tanto un regalo por haber terminado su carrera de forma exitosa, como un acicate para que le entraran con ganas y entre los cuatro formaran una gran empresa, algo que en efecto ocurrió

Esta empresa de fabricación de estructuras de acero y maquinaria había comenzado exclusivamente comprando el material a la Fundidora de Monterrey, única fabricante en México de perfiles estructurales, viguetas, ángulos y todo lo necesario para la construcción de puentes, edificios y demás. Con ese material, montaron una planta muy grande para cortar viguetas, perforar y calcular lo que se requiere para una estructura, en cualquiera de sus usos. Todo eso lo consiguieron a base de esfuerzos personales, o sea, sin pedirle dinero a nadie, sino con su propia inversión. El hecho de reinvertir sus ganancias les permitió prosperar sin deudas de ninguna clase, de manera que habían crecido por su propio valor y en la medida de sus posibilidades, sin tener que compartir sus utilidades con bancos ni depender de algún sistema de financiamiento.

Justo en los tiempos en que me fui de la televisión al radio —entre 1959 y 1960, años en los que mi padre enfermó y tuve que encargarme de trasladar a Iztapalapa todas las instalaciones de la XEW que estaban en la planta de Coapa—, llegaron a Campos Hermanos unos equipos de calentamiento inductivo por radiofrecuencia. Puesto que esa empresa carecía de experiencia en esto último, y como sabían que yo estaba trabajando en radio y en altas potencias de transmisores, los hijos de don Germán me invitaron a instalar estos equipos nuevos: "Oye, Pepe, acaban de llegarnos unos equipos que son de electrónica. Échanos una mano, tú que sabes de eso". Y claro, con gusto acepté. Yo no había trabajado con sistemas de calentamiento inductivo, que funcionaban a base de bulbos osciladores, pero tenía idea sobre ello. Se trataba de dos equipos gemelos de calentamiento inductivo —cada uno de 100 kilowatts— para el templado de martillos; era la primera vez que llegaba a México este tipo de maquinaria y nunca la había visto —la fabricaba una empresa estadounidense llamada Toco—. El objetivo era llevar a cabo un templado muy preciso y controlado sobre todo de los martillos de bola.

El templado es el endurecimiento de cierto tipo de aceros, el cual se obtiene mediante un tratamiento térmico que consiste en elevarlos a una temperatura de 500 o 700 °C, y sumergirlos rápidamente en agua o aceite, dependiendo de las características de éstos. Así adquieren una dureza que puede ser diez veces mayor a la que tendría si no se templara. Por ejemplo, si una lima de acero templado se talla sobre un clavo de acero sin templar, éste se pulveriza, mientras que a aquélla no le pasa nada.

Como estaba todavía con un pie en Televicentro y otro en la W, cuando me encargaron este montaje le pedí permiso al señor Azcárraga para ausentarme un par de meses, a fin de concentrarme en la instalación de estos nuevos equipos. Don Emilo estuvo de acuerdo.

Sin embargo, una vez que terminé la instalación de las dos estaciones de calentamiento por radiofrecuencia para los martillos, que funcionaron muy bien, me encantó la fabricación de aceros y la planta de Campos Hermanos.

Por otra parte, me di cuenta también de que la empresa presentaba problemas muy graves en el horno eléctrico de arco que habían comprado, el cual operaba con tres electrodos de grafito, uno en cada fase. Éstos bajaban a un contenedor de refractario en donde se echaba la chatarra, toda clase de pedacería de hierro y acero; al bajar los electrodos, literalmente hacían corto circuito con la chatarra y la fundían, lo cual resultaba una manera muy práctica y económica de lograrlo, en lugar de pasar horas calentándola en un horno de gas. Así, con la temperatura que levantaba el arco, el hierro y el acero se fundían en cuestión de media hora.

No obstante, ése era un horno viejo de segunda mano que compraron muy barato en Estados Unidos, y por los años en operación y la falta de mantenimiento fallaba con frecuencia; estaba fuera de servicio entre 14 y 16 horas en promedio a la semana, lo cual significaba una tremenda baja en la producción.

Es pertinente explicar que la fabricación de aceros surgió en México de la necesidad de proveernos por nosotros mismos de acero para fabricar herramientas, porque antes lo importábamos para todo: pinzas, desarmadores, pericos... No obstante, durante la segunda Guerra Mundial, Estados Unidos detuvo la exportación de chatarra a México, debido a que ellos la necesitaban para la maquinaria bélica. Fue entonces cuando los hermanos Campos comenzaron a maquinar la idea de fabricar sus propios aceros. Compraron ese horno viejo y contrataron a un estadounidense experto en la fabricación de aceros —el señor Pelphs—, quien ya estaba retirado. Él iba regularmente a la planta de Tlalnepantla para echar a andar el horno y explicar cómo funcionaba, a fin de transmitir estos conocimientos a los operarios, horneros y jefes de sección.

Como seguían los problemas con ese equipo, estando otro día con Germán hijo —quien ya había terminado la carrera y era el encargado del departamento de Aceración—, él me pidió que me diera una vuelta a la planta para ver si descubría por qué estaba fallando.

La propuesta me interesó mucho, pues quería dejar la televisión y ya había terminado mi carrera de Ingeniería Mecánica y Eléctrica. Así que el llamado de Campos Hermanos me abrió otro mundo, el de la ingeniería electromecánica pesada. Una dimensión completamente distinta que implicaba pasar de los miliamperes, el consumo de los bulbos con los que había trabajado siempre, a los kiloamperes que se manejan en los hornos eléctricos, con potencias de 5 000 kilowatts, 100 veces más poderosos que una estación de radio.

Ese mundo me fascinó y se me hizo ideal entrar a trabajar en una industria pesada, que manejaba toneladas de acero y miles de amperes en las corrientes de los electrodos de los hornos.

Asimismo, me pareció un reto interesante resolver el problema concreto que tenían en el horno eléctrico del que yo no sabía absolutamente nada, ni cómo era el proceso de producción del acero ni la diferencia entre los distintos tipos que hay, a pesar de ser ingeniero mecánico electricista. En la escuela el maestro que nos daba Materiales nunca se presentaba a clases y, por lo tanto, no aprendimos nada de aleaciones; fue una de las materias más abandonadas, un fracaso total. Sin embargo, como ya comenté, vi que el horno en sí tenía problemas de mantenimiento.

Germán no sabía cuál era la falla, pero me aseguró que no era mecánica. Aunque jovencito, él era un excelente ingeniero mecánico y ya conocía todo eso muy bien pues había estado trabajando en la planta y en los molinos, es decir, en los rodillos que van laminando el material, sacando tiras más largas y más delgadas, según el perfil deseado para fabricar herramientas; varilla para desarmadores, así como placa para tijeras, machetes y demás. Los martillos tenían un tratamiento muy especial, por lo cual se había comprado la máquina de dos estaciones de calentamiento por radiofrecuencia, con el fin de sacar una producción extraordinaria de martillos, ya que había ocho o diez tipos diferentes de estas herramientas.

Aceptado el desafío, empecé a revisar el horno eléctrico, a acercarme a él, a ver con qué clase de "bicho" me encontraba, a conocer cómo eran las etapas de fundición. Generalmente, un horno de estos se carga tres veces porque la chatarra suelta ocupa mucho volumen; ya que se funde, se forma un charquito abajo y eso significa que se necesita echar otra carga hasta completar el cupo del horno, que era de 12 toneladas.

Aprender desde abajo

En estas circunstancias, cuando a finales de 1961 don Emilio Azcárraga me llamó para saber si me iría definitivamente de Televicentro, me despedí de la radio y la televisión, para irme a trabajar tiempo completo a Campos Hermanos.

Desde su fundación, la empresa había crecido y ya no se limitaba a fabricar solamente estructuras. Ahora contaba con cuatro divisiones, al frente de cada una de las cuales estaba uno de los cuatro hermanos Campos:

- La división de Estructuras compraba perfiles ya laminados para ofrecer el servicio de diseño estructural y de armado de todo tipo de construcciones.
- La división de Herramientas, que fabricaba herramientas de mano: pericos, desarmadores, pinzas y, sobre todo, una cantidad impresionante de machetes, hoces, guadañas, etc., o sea, todo material para el campo. Con la guadaña se cortaba la alfalfa; hoy ya no se usa tanto, pero en aquel tiempo era típica, e incluso el año viejo se representaba con la muerte cargando una guadaña; las hoces se empleaban para cortar trigo; y se producían 30 variedades de machetes para la caña, según la región de país y el tipo de caña.

  La fabricación de machetes era impresionante, pues a diario se producían 1 500 de ellos, y todos se agotaban porque existían numerosos ingenios. En el catálogo existían más de 20 configuraciones de machetes: unos con la punta muy delgada, otros muy largos, etcétera.
- La división de Plásticos, en la cual se elaboraban fundamentalmente todos los mangos de los desarmadores, de un plástico amarillo muy bueno que no se rompe fácilmente.

- La división de Maquinaria, que prácticamente se había centrado en la fabricación de grúas viajeras.

En resumen, había cuatro actividades de ingeniería electromecánica de alto nivel. Todo me entusiasmaba. Yo entré a trabajar en la división de Herramientas, pues en ella se encontraba el equipo de templado de martillos. En una nave aparte estaba el horno eléctrico de arco para aceros especiales que como dije tenía serios problemas porque se paraba tres o cuatro horas diarias por problemas diversos.

Logré eficientar ese horno eléctrico luego de estudiar a fondo en dónde estaba el problema. Me tomó unos dos meses entenderlo y establecer un diagnóstico para descubrir la falla.

El horno contaba con tres electrodos de grafito, que eran cilindros de veinte centímetros de diámetro por tres metros de largo por los que pasa la corriente eléctrica. En los extremos, cada uno tenía cuerda para acoplarse, conforme se gastara, al siguiente cilindro. Como durante la operación los electrodos entraban a la chatarra para fundirla, esto iba desgastándolos en tan sólo una hora. Para seguir funcionando, a cada uno se le añadían por arriba otros tres metros de electrodos, atornillándolos; se soltaban las zapatas —unas piezas cilíndricas— que sostenían a presión los electrodos; luego se corrían los electrodos para abajo y se volvía a apretar. Esta operación se debía repetir un gran número de veces al día, lo que representaba bastante trabajo.

Descubrí que el problema se hallaba en la conexión eléctrica entre las zapatas y los electrodos. En concreto, la falla se debía a que con el polvo y con cada deslizamiento se contaminaba la superficie interior de la zapata, lo que impedía un buen contacto con los electrodos; con ello, se generaba una resistencia eléctrica que la calentaba tremendamente hasta carbonizarla y, como era de cobre, la volvía óxido de cobre, es decir, la oxidaba. De ahí que la conducción era muy mala y llegaba el momento en que el horno ya no fundía, obligando a cambiar con frecuencia las zapatas por unas nuevas, cosa que tomaba mucho tiempo.

En consecuencia, inventé un sistema para evitar la corrosión de las zapatas, con lo que aumentó su vida de operación de una semana a tres o cuatro meses; o sea, multipliqué la operación por un factor de diez sin interrupciones.

Luego de encontrar la solución y aplicarla, me pasaron dos cosas: sentí que me había ganado mi sueldo de todo el año —más aun, como de diez años— con solamente aumentar el tiempo efectivo de producción, y me encantó el trabajo en Campos Hermanos, por lo que comencé a interesarme en cómo se fabricaba el acero, más allá del problema de cómo resolver el mal contacto entre los electrodos y las zapatas. De hecho, me dediqué a aprender y a trabajar en la disciplina hasta convertirme en un experto en la fabricación de aceros especiales.

Empecé por estudiar a fondo el proceso, que se iniciaba al fundir el material de chatarra en tres sesiones o cargas sucesivas; cuando ya estaba el acero fundido, vi cómo se preparaban las reacciones para eliminar en la escoria el fósforo y el azufre, a base de sustancias no férreas, y cómo se agregaban en proporciones diferentes para producir determinada reacción, generalmente reductora u oxidante, según se necesitara; ya después, observé cómo se medían las aleaciones de níquel, manganeso, silicio, entre otros, que debían añadirse para lograr las proporciones que corresponden a la especificación del acero que se trataba de producir.

Finalmente, ya que estaba todo aquello, había que determinar la temperatura correcta. Al mismo tiempo, se obtenían muestras del material líquido, que se sacaban por cucharadas del acero fundido, y se mandaban al laboratorio de química para que lo analizara; si los resultados del análisis estaban dentro de las especificaciones, se ajustaba la temperatura adecuada —normalmente unos 1 500 °C— del horno para el vaciado en una tina o crisol, donde cabía la carga completa —12 toneladas en aquella época—. Y de ahí se vaciaba en las lingoteras de fierro colado, que eran el molde para hacer los lingotes, es decir, unos paralelepípedos ligeramente cónicos como de 1.20 metros de largo por 25 o 30 centímetros y cada uno con un peso de una tonelada; de cada vaciada salían de 13 a 14 lingotes.

Acero: una aleación asombrosa

En términos muy generales, el fierro o hierro (Fe) nunca está en estado puro; el producto que se obtiene en un alto horno —el primer paso para generar acero— es el fierro colado, que es Fe con un alto contenido de carbono. El fierro colado, entonces, tiene del orden de 2 a 4 % en peso de carbono, o sea, el elemento carbono (C) que está diluido en el elemento Fe.

Por su parte, se le llama acero a cualquier aleación de hierro y carbono que contenga una proporción de menos de 1% de carbono. Ahora bien, el acero siempre va acompañado de pequeños porcentajes de manganeso y de silicio, que vienen automáticamente del mineral del hierro obtenido en el alto horno, como aleaciones naturales que benefician la ductibilidad del material. Finalmente, la cantidad de carbono que tenga el acero definirá su uso y sus características principales.

Por ejemplo, el acero inoxidable que se utiliza en las cocinas es una aleación más complicada, que contiene menos de 0.1% de carbón —considerado de muy bajo carbón—, pero cantidades bastante importantes de níquel y de cromo. Así, el acero con el que se elaboran los enseres de cocina es una aleación de 18 % de cromo, 8 % de níquel y prácticamente trazas de carbono, lo más bajo que se pueda —porque el carbono resulta dañino para el acero inoxidable—, así como muy poco fósforo y azufre, los cuales son dos contaminantes que vienen originalmente en el mineral; de hecho, todos los hierros colados que salen del mineral extraído de una mina contienen una proporción —a veces inconvenientemente elevada— de fósforo y azufre, que son elementos indeseables y que se deben eliminar.

Esta explicación es importante porque permite entender la gran diversidad de especificaciones de acero, desde los más suaves que son los de más bajo carbono. No se trata de aceros aleados, con importantes cantidades de níquel y de cobre, sino solamente de los que contienen las cantidades presentes normalmente en los minerales —el silicio y el manganeso— como aleaciones favorables. En el horno —ya sea eléctrico o a base de gas— el objetivo consiste en bajar el porcentaje de fósforo y azufre a un valor no perjudicial; una vez que esto se consigue, se busca ajustar las demás aleaciones a lo que indica la especificación deseada.

En los aceros simples o sencillos sólo se maneja el porcentaje de carbono, con lo que se consigue una gama maravillosamente interesante. Por ejemplo, los aceros con los que se fabrican clavos son de bajo carbono —de 0.1 a 0.2 % de carbono—; los aceros estructurales para construcción en general —viguetas, columnas, varillas del propio concreto— contienen entre 0.15 y 0.30 % de carbono, lo cual les da mayor dureza, pero sin volverlos templables; es muy importante que no lo sean para que se puedan soldar —la soldadura es incompatible con los aceros templables de alto carbono, pues éstos no se pueden soldar fácilmente y las estructuras requieren soldarse. Los valores adecuados para el acero estructural van de 0.15 a 0.30 % de carbono y es muy económico porque no tiene aleaciones caras.

En contraste, si se desea producir aceros para maquinaria —por ejemplo, los engranajes de un coche, flechas de motores eléctricos o maquinaria en general—, se les agrega mayor cantidad de carbono, entre 0.30 y 0.50 %; ése es el porcentaje ideal para los aceros medio templados, que se pueden endurecer pero no mucho; poseen mucha mayor resistencia y no tanto coeficiente de elasticidad —o sea, son más duros y menos flexibles—. El cigüeñal de un motor de gasolina o los engranes de la caja de velocidades están hechos de este material, que se puede templar ligeramente.

Los aceros de 0.6 % de carbono para arriba son todos aquellos que se pueden templar a durezas extraordinarias, como las limas, con un acero de 0.8 %, o los rieles de ferrocarril; estamos hablando de menos de 1% en todos los casos, lo cual muestra que la banda de diferentes resultados de elasticidad y resistencia se maneja con sólo una muy pequeña variación porcentual en el contenido de carbono.

Existe toda una gama de aceros que contienen una clasificación conocida como la serie 10, aceptada mundialmente; por ejemplo, el "10-20" contiene 0.20 % de carbono; el "10-40", 0.40; el "10-80", 0.8. Los aceros de la serie 10 sirven para fabricar desde un clavo muy flexible, que no se puede templar pero sí doblar varias veces sin romperse, hasta un acero que no se puede doblar con tanta facilidad, como el "10-40" para los pedales de los coches o las flechas de transmisión de las cajas de velocidades, pasando por los aceros que son duros cuando se templan, pero blandos antes de eso.

A fin de seguir con el ejemplo de la lima, para fabricarla se requiere un material blando "10-80" y sin templar; es posible elaborarla con una pieza de acero templada, a fin de hacerle las rayas que lleva en su superficie para que sea rasposa; después, se calienta a 600-700 grados y se mete de golpe a un baño de aceite, con lo que adquiere una dureza 100 veces mayor. A partir de ese momento, ya no se podrá trabajar la lima contra ninguna herramienta porque aquélla es más dura que ésta; al mismo tiempo, no es posible doblar la lima, y si uno trata de hacerlo se rompe como si fuera de vidrio.

Si aparte se combina con níquel, cobalto, tungsteno, vanadio, cromo, entre otros, se obtiene una gran variedad de aceros, desde los más baratos —los de la serie 10— hasta los que son refractarios al calor, como los usados en las toberas de los cohetes, con alto contenido de cromo, molibdeno, tungsteno y titanio.

Debemos recordar que todos los aceros y todos los metales son cristalinos; es decir, si se pulen y se ven al microscopio se aprecia que son una aglomeración de cristales, como si fueran células; la forma de los cristales depende del tipo de material, ya que pueden ser hexagonales, prismáticos o de muchas maneras.

Por cierto, se han hecho metales amorfos con un proceso desarrollado por un equipo de investigadores del área de materiales en el Centro de Ciencias Aplicadas y Desarrrollo Tecnológico de la UNAM.

Trabajar a altas temperaturas

Tiempo después, se compró un horno eléctrico nuevo de 25 toneladas, que instalé y puse en marcha; pero aparte de eso, del que usábamos aproveché varias ideas excelentes. Porque resulta que no descarté el horno viejito —aquel que reparé recién llegado a la empresa—, sino que lo desarmé, lo recalculé todo, le cambié inclusive el diseño en muchos aspectos, porque era muy antiguo, y lo reconstruí de nuevo ahí mismo en la fábrica. Es decir, rehice el horno eléctrico de *pe a pa*, menos el transformador, porque el original era de 5 000 kVA —kilovolt-amperes, el equivalente a kilowatts pero en corriente alterna— y al nuevo diseño le aumenté la capacidad de 12 a 18 toneladas. Gracias a eso ya contábamos con dos hornos eléctricos.

Pero además pensé en acelerar al doble la velocidad de fusión. Para ello, adquirimos un transformador de 10 000 kVA, que pesaba 50 toneladas, justo la capacidad de nuestra grúa. Recuerdo que yo mismo la manejé para meterlo en la planta, porque cuando surgía un caso de mucha responsabilidad me lo pedían los mismos grueros del sindicato. Cuando se reestrenó el nuevo horno llegamos a cargarlo hasta con 20 toneladas de chatarra. Esto ocurrió cuando iniciamos la fabricación de aceros especiales en la planta, actividad en la que fuimos los pioneros en México.

Después de que en Campos Hermanos adquirimos de fábrica aquel horno eléctrico y la planta ya funcionaba como debía ser, fuimos acumulando experiencia y esto se reflejó en el catálogo, en el que llegamos a sumar 112 especificaciones de aceros, que se fabricaban bajo pedido según el cliente; claro que no se producían cantidades menores a 25 toneladas, de lo contrario el cliente se atenía a las especificaciones de rutina que no requieren ningún cambio especial.

El hierro que comprábamos para el horno eléctrico en la división de Herramientas nunca procedía directamente del mineral de hierro salido de la mina.

En el horno eléctrico no se trabaja con ese material sino con chatarra. Nosotros recibíamos dos o tres carros de ferrocarril cargados de chatarra al día, principalmente de Texas, Estados Unidos, para alimentar el horno.

En la chatarra que se compra vienen revueltos cualquier clase de aceros. El primer paso después de haberla fundido en el horno es sacar una cucharada, enfriarla y llevarla al laboratorio. Ahora con los espectrógrafos es posible analizar 20 elementos en cinco minutos, que arrojan porcentajes con gran exactitud y rapidez, pero antes con la química sólo podían analizarse cinco o seis elementos y se tardaba media hora.

Con los resultados del laboratorio se decide qué acero es conveniente fabricar, pues si sale alto en níquel, este elemento no conviene económicamente rebajarlo en el horno eléctrico, y lo mejor es hacer un acero alto en níquel.

En cambio, la división de Estructuras le compraba a la Fundidora de Fierro y Acero Monterrey y a Altos Hornos de México perfiles ya laminados, por ejemplo viguetas de ocho pulgadas. Lo que hacíamos en estos casos era calcular cuáles y cuántas viguetas necesitaba cada cliente, las perforábamos y las colocábamos en el edificio, como en un mecano; es decir, si se trataba de construir un edificio de 14 pisos, con determinado tipo de construcción, se calculaba qué perfiles necesitábamos de cada una de las vigas. Encargábamos el pedido según el catálogo del fabricante, digamos 200 toneladas de viguetas pesadas de "10" o ligeras, según la categoría, como cuando vamos a la ferretería a comprar un ángulo.

A diferencia del área donde se producían herramientas con el acero, el servicio que ofrecíamos en la división de Estructuras era el diseño y armado de edificios, puentes, etc., lo cual representa un proceso de cálculo carísimo y muy complicado, además, entregábamos cortados los perfiles y montábamos la estructura. Nos contrataban para diseñar y armar la estructura de un edificio de 28 pisos, por ejemplo, y nuestra tarea era calcular qué tipo de perfil se requería, cuántas zonas y niveles iba a tener, considerando el número de elevadores, de terrazas, etcétera.

O nos decían: "Quiero un puente en tal río". Nos poníamos de acuerdo con la empresa constructora —Ingenieros Civiles Asociados (ICA), por ejemplo— sobre el diseño del puente. ICA se encargaba de la cimentación del puente de acuerdo con nuestro diseño, o bien éste se ajustaba a los cimientos de sus diseños; en esta fase se determinaba que el puente mediría 150 metros de largo, que tendría un arco y ciertas características. Con esa información, calculábamos cuánto mediría cada vigueta del puente, con una tolerancia de un milímetro; digamos que si se requerían viguetas de 56 cm, hablábamos de 560 milímetros, lo que representaba 5 600 milímetros si el tramo constaba de diez viguetas, y siempre usando los peraltes que se fabricaban por catálogo.

Ahora bien, en una empresa de altos hornos el mineral sale convertido en fierro colado, que se trabaja en unos convertidores para disminuir el altísimo contenido de carbón del fierro colado —de 3 o 4% a menos de 1. El resultado ya es acero en lingotes, que normalmente se lamina en dicha empresa para obtener viguetas destinadas a construir estructuras. Sin embargo, cualquier fabricante de estructuras genera chatarra porque recorta las puntas y los ángulos de las viguetas, y lo mismo ocurre con los fabricantes de monobloques de motores. Toda esa chatarra también se vende para operar los hornos eléctricos, donde es posible dosificar la aleación deseada a partir del resultado que arroja un análisis preliminar de la mezcla fundida.

Con el tiempo, una vez convertido en un experto en la fabricación de aceros especiales, me di cuenta de que ya nos quedaban cortos los conocimientos del señor Pelphs, a quien se había contratado como asesor. Por ello, propuse buscar el apoyo de alguna firma europea fabricante de aceros, preferentemente especializada en aleaciones de alta calidad.

Puesto que a los hermanos Campos les pareció bien mi sugerencia, elaboramos unos aceros aleados de muestra, los mandamos a laboratorios de Suecia y Alemania, y los resultados certificaron que la empresa había obtenido la equivalencia A-1, que representaba la máxima calidad esperable.

Puerta al acero alemán

Esta certificación nos abrió la puerta para establecer un contrato de asesoría con una empresa alemana ubicada cerca de Bonn, que se mostró dispuesta a apoyarnos; era una empresa chica, pero que producía una gran cantidad de especificaciones de aceros de alta calidad.

En el convenio que firmamos en 1962 con esta compañía, se acordó que un grupo de ingenieros alemanes viniera a México por dos meses, como máximo, y que en reciprocidad un grupo de ingenieros mexicanos iríamos a Alemania al año siguiente también por dos meses. Dichas estancias no tenían ningún objetivo académico ni teórico, sino que eran básicamente para trabajar en la línea de producción.

Recuerdo que en cuanto el doctor Wenzel, director de la fábrica alemana, firmó el contrato con Campos Hermanos, a sus 60 años tomó un curso de español y se puso a estudiar dos horas diarias, como niño chiquito, y la primera vez que vino a México ya hablaba español, aunque se tardaba en encontrar las palabras precisas. Eso nos impresionó mucho.

La firma germana mostró una gran apertura con Campos Hermanos, pues no encontró ningún inconveniente en asesorarnos y compartir sus conocimientos, excepto en los aceros que había patentado; en realidad, en estos aceros especialísimos ni nos quisimos meter porque en México no existe un mercado para ellos.

Gracias a su asesoría, durante los cinco años que duró el contrato, nosotros adquirimos la capacidad de producir aceros finos. En Alemania aprendimos la tecnología necesaria para fabricar en México toda la serie de aceros que nos interesaba para la producción de maquinaria, o sea, aceros medianamente aleados; nunca pretendimos producir aceros inoxidables, porque éstos son de muy alta aleación.

Los alemanes estaban dos meses en nuestra planta, observaban nuestros procesos y nos hacían recomendaciones. Cuando nos tocó conocer su planta en Alemania, en diciembre de 1962, nos sentaron alrededor de una mesa, en la dirección, junto con todos los ingenieros principales de cada una de las cuatro áreas de la empresa: hornos, laminación, tratamiento térmico y forja.

Me relacioné sobre todo con el área de hornos porque en Campos Hermanos estaba encargado del departamento de aceración del horno eléctrico. El jefe de ese departamento era el doctor Hilgert. De entrada, empezamos a hablarnos en inglés porque yo no sabía alemán y ambos dominábamos el inglés; él había sido prisionero de Inglaterra en tiempos de la guerra. De inmediato nos hicimos amigos y desde la primera visita le conté un problema muy serio que teníamos a la hora de vaciar el acero en las lingoteras.

Desde el día en que se firmó el contrato pudimos entrar a la planta. Hilgert me pidió que lo acompañara y fuimos a la nave, donde tenían ocho o diez hornos. Juro que en menos de los tres minutos que tardé en ver el proceso desde el balcón le dije que ya nos podíamos ir, pues ese tiempo me bastó para entender cómo debía proceder en la planta de Campos Hermanos para resolver el problema que me traía angustiado, y que consistía en las fugas de acero que se producían a la hora del llenado de las lingoteras; con esos tres minutos ya se había pagado la asesoría de ese año.

Entre otras cuestiones, observé que ellos tenían unas placas de fundición básicas para evitar dicho problema; le pregunté que cómo habían hecho los dibujos de esas placas, y él simplemente me los dio.

Todavía anduvimos recorriendo su planta tres o cuatro días más, cuando en realidad lo que quería era regresarme a México con mi rollo de planos para encargar esas placas. Así lo hice en cuanto estuvimos de vuelta, las probé y se acabó el problema de las fugas a la hora de fundir los lingotes y vaciar el acero en las lingoteras. Era de ese tipo de problemas que, cuando se ve cómo se ha resuelto, uno se pregunta: "¿Cómo no se me ocurrió antes, si era tan sencillo?". No obstante, obviamente, se necesita ver, y el verlo ahorra meses de batallar. Ellos tal vez padecieron ese mismo problema muchos años antes, pero ya habían encontrado la solución.

Cuando en 1963 me tenía que ir dos meses a trabajar a Alemania, junto con un grupo de ingenieros de la empresa, mientras estaba afuera se requería que alguien me supliera como superintendente de aceración en Campos Hermanos. Para esa tarea elegí a Luis Segovia, quien era el encargado del almacén en ese tiempo y ya había trabajado conmigo; lo conocía muy bien porque, además, junto con Jesús Ángeles me había montado las antenas del Canal 2, del Canal 9 y del Canal 3. Era una persona con quien me llegué a entender muy bien y a quien quise mucho. Cuando entré a Campos Hermanos, al poco tiempo él también se salió de Televicentro, se fue a la empresa conmigo y acabó siendo el jefe de horneros de los hornos eléctricos.

Sin embargo, como fue una temporada muy pesada en el periodo de transición, le pedí a José Martínez Jáuregui —quien se había quedado a cargo de la parte técnica en la TV, de las microondas, los controles remotos y demás— que se diera un tiempecito para apoyarme en Campos Hermanos. Entonces, en el lapso que me iba a Alemania, en mi ausencia, José Martínez llegaba a echar la mano a Campos Hermanos para encargarse de los hornos eléctricos y en la noche se iba a Televicentro... ¡Menuda tarea!

Pasión por el acero

Por otra parte, en las idas a Alemania conseguí todas las especificaciones de los aceros para los automóviles de la Volkswagen. Ya en México, mientras esperaba el resultado de fundición de la chatarra para determinar qué fabricar, en una ocasión creí oportuno intentar producir con vanadio un acero 1045 (un acero grado de acero de aplicación universal que proporciona un nivel medio de resistencia mecánica, así como tenacidad a bajo costo con respecto a los aceros de baja aleación). Salió exactamente la fórmula usada en los pedales del freno y en los balancines de las válvulas del Volkswagen sedán, el típico *Vochito,* el único coche que entonces se enfriaba con aire.

Esta prueba la llevé a cabo con el conocimiento de Germán —el hijo de don Germán—, quien era mi jefe inmediato y el encargado de toda la división de aceros especiales; yo sólo era jefe de la división de los hornos eléctricos.

Nos pusimos de acuerdo, y se resolvió que en el departamento de Forja se elaboraran los moldes para los pedales y los balancines de las válvulas; el juego constaba de ocho balancines, que eran prácticamente del mismo acero que el de los pedales. Entonces, aplicamos la misma fórmula para ambas partes.

El primer contacto de Campos Hermanos con la Volkswagen fue a través de mi amigo Von Eiff, compañero de la Facultad de Ingeniería de la UNAM, porque desde tiempo atrás habíamos producido juntos flechas para los fabricantes de cajas de velocidad que les surtían a las plantas de la General Motors, la Ford y otras; pero en la Volkswagen era muy difícil entrar como proveedor porque requiere aceros muy especiales y de mucho control, ya que su gama de especificaciones es muy angosta y resulta muy difícil fabricar acero siempre con la misma especificación.

Una vez que produjimos nuestros pedales y balancines, los mandamos a la Volkswagen. Luego de analizar nuestros pedales y balancines en su avanzado laboratorio ubicado en su planta de Puebla, ellos nos felicitaron. También nos preguntaron que cómo le habíamos hecho, y les respondí que éramos bastante buenos en Campos Hermanos. A partir de ese momento fuimos proveedores de la Volkswagen, vendiéndole directamente.

Fue un triunfo de la planta y nos convertimos en proveedores de miles de toneladas. Representó un muy buen negocio porque para producir esas piezas se requería un acero relativamente caro y se vendían bien. Después le fabricamos también las masas de las ruedas donde van las balatas —aún eran balatas circulares, no de disco—, lo que significó un excelente negocio para Campos Hermanos.

Sin embargo, nuestro principal cliente de aceros era Transmisiones Mecánicas, que se ubicaba en Querétaro y Toluca. Ellos nos compraban la mayor cantidad de varilla, sobre todo para los engranes y demás partes de las transmisiones de los coches. En conjunto con la Volkswagen, a la industria automotriz le vendíamos más o menos el 50% de nuestra producción.

El resultado final es que fui director del departamento de aceración de Campos Hermanos durante ocho de los diez años que estuve en total en esa empresa. Mi oficina se encontraba enfrente, a cuatro metros de distancia, del horno eléctrico, que emitía un estruendo de todos los diablos, aunque el ruido productivo nunca me ha molestado…

La pasé muy bien durante toda esa temporada preciosa de ocho años en la que trabajé como burro, porque la entrada a la fábrica en Tlalnepantla era a las ocho de la mañana en punto —a las 8:05 se cerraban las puertas y ya no entraba ni el dueño— y salíamos a las cinco de la tarde; todos comíamos en el comedor de la fábrica.

Por supuesto, fabricar aceros no tenía nada que ver con mi actividad de antes en la radio y la televisión. De hecho, cambiarme a Campos Hermanos no fue del agrado de mi papá, porque a él no le gustaba que cubriera aquel horario desde temprano hasta la tarde; decía que era como si estuviera prácticamente vendido porque ya no me quedaba tiempo para más. Y se trataba de trabajar de verdad, no sólo de estar sentado. La verdad es que regresaba cansado, pero me sentía feliz al disfrutar mi carrera como auténtico ingeniero mecánico electricista. Al respecto, recuerdo dos anécdotas muy interesantes.

Cuando llegaba al piso del horno —donde se manejaba cal, piedras, flúor y aleaciones de níquel y demás materiales— me ponía a barrer, y en ese momento todos mis compañeros sacaban la escoba y también empezaban a barrer. Un día que estaba barriendo, como de costumbre, pasó el dueño —don Raúl— y me dijo medio molesto: "Ingeniero, cómo gasta usted su tiempo en barrer". Le contesté: "Señor, es que estoy poniendo el ejemplo, pero si usted quiere no barro". Él se percató de lo que representaba mi acción y dijo: "Perdóneme, es que no entendía su propósito".

Todos notaron lo que pasó. Gracias a una acción tan sencilla, manteníamos limpio el lugar donde trabajábamos con química, como debía estar siempre, pero no sólo por un principio ético, sino para evitar la contaminación de los aceros.

En otra ocasión, mientras pasaba don Raúl vio que yo andaba sudando, sumamente atareado porque teníamos una fuga de agua en el horno —el cual tenía partes enfriadas con agua—. Él exclamó: "¡Caramba ingeniero, qué apurado anda usted! Lo que pasa es que necesita un ayudante". Yo le dije, un poco en broma: "No, don Raúl, lo que necesito es un jefe para que sufra él y no yo". A don Raúl le dio mucha risa y yo seguí: "Sí —agregué—, porque al ayudante le tendría que ayudar a que me ayude, mientras que si me ponen un jefe, éste se las tendría que arreglar y decirme lo que tengo que hacer". En ese entonces yo no quería ser jefe de nadie ni director de nada. Me gustaba ser libre. Por cierto, se volvió famosa la anécdota de que lo que yo necesitaba era un jefe.

Sumando las cuatro divisiones, la fábrica tenía en total más de 3 000 trabajadores, entre obreros y técnicos. En el departamento de Aceración tenía a mi cargo a 140 personas, incluyendo a las de mantenimiento, divididas en los tres turnos. En la operación había tres grupos de 30 personas de todos los niveles: horneros, jefes de piso, vaciadores, grueros y los que manejaban la chatarra. El departamento de Mantenimiento de Aceración estaba formado por un equipo de diez trabajadores por turno, más los suplentes de quienes se enfermaban o faltaban; como existía un sindicato, si un empleado no se presentaba a trabajar sólo un día, nada más se le anotaba la inasistencia y no pasaba nada.

La división de Estructuras contaba con mucha más gente, mientras que la de Herramientas —que estaba junto al horno— tenía 50; en la parte de tratamientos térmicos deben de haber habido otros 50. Por otra parte, en los dos molinos grandes —contando a todo el equipo de aceros especiales— trabajaban como 500 personas, desde peones que llegaban con sus huaraches y su sombrero de paja e iban progresando; este personal también estaba bajo mi responsabilidad.

Los bancos "funden" a Campos Hermanos

En fin, aquellos ocho años fueron muy simpáticos. Cuando acabó la administración de los hermanos Campos, al cambiar de dueño, casi todos abandonamos la empresa; en ese momento concluyó el encanto de trabajar tan a gusto y con tantas ganas porque sabíamos que estábamos haciendo algo importante para el país.

Dejé mi puesto al frente de aceros especiales, aunque aún seguí como asesor de la Dirección por un tiempo más. Carlos Sánchez Campos, mi segundo de a bordo, ocupó mi lugar.

La tragedia de los dos hermanos grandes fue que se enredaron con los banqueros al pedirles dinero prestado. Los bancos les propusieron pagos a plazos muy cortos y ellos aceptaron; o sea, los engatusaron y luego, cuando los Campos enfrentaron dificultades financieras para pagar la deuda, aquéllos se les fueron encima. Finalmente, los banqueros tomaron la empresa, como acostumbran, y pusieron a un nuevo director... Les quitaron la empresa, para decirlo rápido.

Los bancos pusieron a la empresa medio quebrada a las órdenes de un gerente general, el señor Patuel, un hombre muy capaz que la levantó y se empeñó en producir acero inoxidable. A pesar de conseguirlo, el problema fue que el acero inoxidable japonés era más barato. El problema no era técnico (porque sí podíamos producirlo), sino económico (nunca logramos bajar los costos de producción al nivel de los japoneses).

Esto es una prueba de la habilidad tan especial de los japoneses, porque sin tener minas de mineral ni cal —que son los elementos principales—, aunque cuentan con poca chatarra y todo lo deben importar, fueron capaces de llevar todo eso a la isla para fabricar aceros inoxidables, transportarlos 8 000 kilómetros en barco y aun así venderlos más baratos incluso que los estadounidenses, con lo cual acabaron prácticamente por quebrar la industria del acero inoxidable de Estados Unidos. Este tipo de acero lo perfeccionaron los japoneses y ahora son los principales productores en el mundo.

En cambio, en otra línea de aceros, logré fabricar una aleación para un acero que se necesitaba en Petróleos Mexicanos (Pemex), el 1030 CH, para elaborar lo que se denominan "árboles de Navidad". En la industria petrolera se conoce como árbol de Navidad a la serie de válvulas con salidas a varios lados que se instalan inmediatamente después de acabar de perforar un pozo para taponarlo, con lo cual se evita que se desperdicie el petróleo que sale a gran presión y se previenen incendios. Es decir, se trata de válvulas de 30 centímetros de diámetro con dos o tres pulgadas de grosor, porque las presiones son muy fuertes.

El acero para esas válvulas necesita ser forjado, y a fin de lograrlo el metal se calienta y presiona, de modo similar a como se forjan los machetes, o sea, calentándolos y golpeándolos a martillazos hasta darles la forma deseada. Claro que esos árboles de Navidad se fabrican con prensas hidráulicas, no de manera artesanal.

La cuestión a la que me enfrenté consistía en encontrar la especificación ideal para esos aceros que se requerían en Pemex, pues había un problema muy serio con las grietas que se formaban en dichas válvulas. Después de estar trabajando en esto, encontré la solución al agregar determinado porcentaje de aluminio y de silicio durante cierta fase del proceso (1030 CH).

Como ésos eran nuestros secretos industriales, los patentamos y les vendimos miles de toneladas a Pemex y a los estadounidenses también, en especial a Texas.

El acero que desarrollamos para el uso específico de esas válvulas, el cual contenía una cantidad muy especial de aluminio y de silicio, fue resultado en parte de un proceso de pruebas y errores. Todo este proceso en la industria siderúrgica es un poco acientífico, porque ahí se trata de estar ensayando, y si sale bien, pues qué bueno, y si no resulta ya no se vuelve a intentar. Así es como la industria del acero ha ido progresando. Las aleaciones han sido consecuencia de múltiples intentos, viendo qué resultado dan; cuando hay indicios de que ése es el camino correcto, entonces hay que seguirlo hasta encontrar la combinación que da el producto deseado.

Después de esa etapa, el profesor Hank González compró 80% de las acciones de la empresa y luego la medio abandonó. Ahora casi está cerrada, como tantas otras industrias en México que nacen, crecen, no se reproducen y mueren.

Posteriormente, en los años setenta y ochenta, ya no volví a saber nada de la empresa.

Rumbo a la astronomía

Ante la situación que vivía la empresa, no me quedé más de dos años como asesor, pues en 1970 me cambié de Campos Hermanos al Instituto de Astronomía de la UNAM.

El primer contacto fue a través de Carlos Sánchez Campos, hijo de una de las hermanas Campos, que era ingeniero químico; a él me lo asignaron los cuatro dueños como mi segundo de a bordo en la superintendencia de aceración, que estaba a mi cargo. Me lo encomendaron para que lo entrenara, supongo que con la idea de que en algún momento me iría de la empresa y era necesario capacitar a alguien para que adquiriera los conocimientos necesarios. Es un muchacho muy agradable y nos queremos mucho.

Resulta que él tenía un primo por parte de su esposa que era investigador del Instituto de Astronomía. Se trata del doctor Manuel Álvarez Pérez-Duarte y vive en Ensenada, Baja California. Su esposa, Estela Parrilla de Álvarez, es la promotora del museo en Ensenada.

Durante una plática con su primo, Carlos Sánchez supo que la UNAM estaba pensando construir el Observatorio Astronómico Nacional en San Pedro Mártir, en Baja California. Yo ya sabía de este proyecto por conducto de mi amigo Adrián Breña, compañero de la Facultad, quien con Guillermo Haro subió a caballo a la sierra de San Pedro Mártir entre 1968 y 1969, para ver la cima y montar un telescopio de prueba a fin de checar la calidad del cielo. El doctor Álvarez también había subido a la punta de la serranía de San Pedro Mártir para darle mantenimiento a dicho telescopio.

Carlos le comentó que yo había dado conferencias de astronomía a los empleados de Campos Hermanos. En efecto, me gustaba dar esas pláticas en mis ratos libres, no sólo en el tiempo que la misma dirección destinaba cada mes para la capacitación de su personal; así, de repente daba una charla que fuera divertida sobre algo totalmente ajeno a la fabricación de aceros, con frecuencia sobre la astronomía, sólo para solaz de los operarios, obreros e ingenieros, para distraerlos un rato; o sea, eran pláticas de divulgación de la ciencia, sobre todo de la técnica. En ese contexto, el doctor Álvarez le preguntó a Carlos Sánchez si en Campos Hermanos podríamos hacer las cúpulas del nuevo observatorio.

En la empresa, Carlos Sánchez comentó con sus tíos los Campos que había surgido esa propuesta relacionada con la astronomía. "¿Por qué no participamos y colaboramos con el proyecto de observatorio?", les dijo.

Los hermanos Campos aceptaron y propusieron que uno de ellos y yo fuéramos al Instituto de Astronomía a ver de qué se trataba este asunto. No sólo conocían mi afición por la astronomía, sino que además sabían que mi papá y yo habíamos construido telescopios, e incluso con ellos estuvieron viendo las estrellas desde mi casa. Don Raúl, el mayor de los hermanos y quien daba las instrucciones finales, propuso que por parte de la familia fuera Francisco Campos, el hijo de don Francisco Campos. La idea era que tal vez pudiéramos hacer la cúpula del observatorio, del telescopio grande o del que fuera, porque a decir verdad no sabíamos de qué forma iba a ser, pues todavía no era más que un proyecto y se necesitaba precisar cuál sería su alcance y sus costos; o sea, en principio existía disposición de la empresa para lo que se ofreciera.

Entonces fui con Francisco Campos —no era el más grande de los hijos de don Francisco, pero sí uno de los tres mayores—, él como representante de la empresa y yo como enterado de lo que es la astronomía. Aunque había estudiado en la UNAM, no me había parado por allí desde hacía mucho. La persona con quien conversamos fue don Arcadio Poveda, director en esa época del Instituto de Astronomía, quien me pareció un excelente contacto.

De inmediato hubo afinidad de ideas y de todo, a tal grado de que empecé a plantearme seriamente trabajar en el proyecto del observatorio de la UNAM y abandonar mis ocupaciones de ese momento, una de ellas era mi propia empresa, CICESA.

Esto sucedió entre marzo y abril de 1970, cuando el eclipse total de Sol en Miahuatlán, Oaxaca, y desde ahí se abrió para mí otro capítulo totalmente nuevo de actividades.

5 El inicio en la astronomía

Desde la más tierna infancia, José de la Herrán adquirió la afición por obser-var en las noches el cielo lleno de estrellas. Ese gusto despertó su curiosidad por saber acerca de los misterios del universo. Así que no se contentó sólo con ver, sino que, bajo la inspiración de su padre, se afanó en construir sus primeros telescopios para escudriñar en el cosmos. Ese interés se convirtió en una ver-dadera pasión. Luego de su paso por la radio y la televisión, ya forjado como ingeniero de maquinaria pesada, se le presentó la oportunidad de incursionar en la astronomía, a escala profesional, mediante su participación en el proyecto del Observatorio Astronómico Nacional, en la sierra de San Pedro Mártir.

A mi papá y a mí nos entró la afición por la astronomía allá por 1936, época en que vivíamos en la planta de la XEW en Coapa, ubicada en un llano pelón. Cuando acababa la transmisión, a las 11 de la noche, dos o tres veces a la semana él salía para reajustar la antena. Iba a checar que se encontrara bien acoplada al transmisor, pues éste se hallaba como a 150 metros de aquélla y era importante verificar que los capacitores estuvie-ran correctos, que las conexiones se mantuvieran firmes y sin oxidarse, por lo cual convenía revisar las impedancias de carga y todas las carac-terísticas de acoplamiento del transmisor a la línea y de ésta a la antena.

Yo lo acompañaba para ayudarle a cargar los aparatos. Luego apagá-bamos las luces de la planta, salíamos al campo y nos quedábamos en la oscuridad total, como si anduviéramos en el desierto más alejado de la civilización. El cielo era una maravilla, y la Vía Láctea se veía como si la estuvieran iluminando con reflectores. Era algo increíble.

Me acuerdo de que cuando tenía unos ocho años, en una ocasión le pregunté a mi papá: "Oye, ¿ésa qué estrella es?". Él se le quedó viendo y me respondió: "Mañana te digo". Después supe que al día siguiente se fue a comprar un mapa estelar para poder contestar a mi pregunta, porque él tampoco sabía. Esperé con mucha ansiedad a que me dijera de qué estrella se trataba. Era Vega. A partir de entonces, con frecuencia le preguntaba sobre las estrellas. Como la primera vez, cuando mi padre ig-noraba las respuestas compraba algún libro para satisfacer mi curiosidad.

Además, ya comenté antes cuánto me impresionaron los planetarios que conocí en Estados Unidos.

De manera paralela, casualmente mi padre formaba parte de un grupo de amigos muy interesantes de diferentes especialidades, desde un piloto aviador (Fernando Proal) y un médico, hasta un experto en las grabaciones de discos (el licenciado Antuniano), un técnico en radio (Juan Buchanan) y el encargado de la estación de la Secretaría de Educación Pública (el ingeniero Grajales), quienes regularmente se reunían en el Café Tupinamba a las cuatro de la tarde para platicar de los sistemas técnicos. Esta cafetería se ubicaba en Bolívar cerca de un parquecito muy pequeño conocido como la Plaza de la Ranita, donde también está el Reloj Otomano. Ahí también asistían grupos entusiastas de los toros, de los artistas y de todo cuanto había, incluida la mesa de los técnicos donde se encontraba mi papá con sus amistades.

Después estos amigos se iban a distintas tiendas donde vendían toda clase de refacciones de radiocomunicación, radiorreceptores, tocadiscos y discos de la RCA Victor. A veces iban a unas y a veces a otras, pero en una ocasión que fueron a ver discos en Madero 10, el señor Madrigal, subgerente de la tienda, le comentó a mi papá que estaba construyendo un telescopio.

Desde luego mi papá se interesó inmediatamente y le preguntó cómo lo estaba haciendo. Madrigal dijo: "Me encontré en el *Scientific American* un artículo que explica cómo cualquier persona puede construir su telescopio, y lo estoy poniendo en práctica. Ahora estoy haciendo un espejo, pues será un telescopio reflector de tipo newtoniano y ya lo estoy empezando a pulir, pero tengo problemas porque hay una prueba de Ronchi y una de Foucault que no entiendo bien".

Madrigal comentó que el *Scientific American* recomendaba unos libros que se llamaban *Amateur Telescop Making*. Al otro día, a las nueve de la mañana mi papá se puso a buscarlos, pero no los tenían en la American Book Store. Fue a otra que se llamaba Axel Moriel, una famosa librería de libros técnicos que estaba en Niño Perdido, hoy Eje Central, y allí encargó los tres libros de *Amateur Telescoping Making,* de Ingalls: el amateur, el principiante y el avanzado. Dos semanas después llegaron los libros, y con ellos y el interés que habíamos desarrollado al ver los cielos tan preciosos, comenzamos a construir nuestros telescopios.

Primero mi papá consiguió un vidrio de tragaluces antiguos en las tiendas que vendían partes rescatadas de la demolición de casas viejas.

Asimismo, en una tlapalería del Centro, cerca de la W, vendían unos vidrios redondos muy bonitos, de 10 centímetros de diámetro, que eran para tragaluces de azotea; me parecieron ideales. Eran importados de Bélgica y costaban tres o cuatro pesos; los he visto como ceniceros en restaurantes viejos. Compré dos, uno para usarlo de herramienta y el otro para convertirlo en el espejo del telescopio.

De modo paralelo, mi papá comenzó el suyo con el vidrio de tragaluz que compró y mandó recortar cerca del Palacio Nacional y de la Catedral, donde se dedicaban a cortar vidrios y a redondearlos con unos mollejones; no quedó muy bien, pero era más o menos redondo, de 18 centímetros de diámetro, como decía el libro. Compró esmeril y todo lo necesario para tallar un vidrio contra el otro y hacer de ellos el espejo, como decían los libros; imitando a mi padre, también me puse a tallar mi vidrio chiquito. Así empecé mi primer telescopio a los 13 años, en 1938.

Seguimos todos los pasos, así como lo hicimos en el curso "Construya usted su telescopio", que se impartió durante muchos años en el museo de las ciencias Universum de la UNAM.

Llegamos a las pruebas finales, que se practicaban en la oscuridad total porque era muy poco lo que el vidrio podía reflejar. Mandábamos la luz de un foquito al espejo para que se reflejara en él y se veía a través de una rejita de rayas muy delgadas; ésa era la prueba de Ronchi. Mi padre me enseñó a interpretar qué quería decir la prueba: las rayas se veían como sombra en el espejo; cuando se veían rectas y paralelas, eso significaba que el espejo estaba esférico y teníamos que buscar que no se desviara de ahí hasta quedar muy bien pulido. Después venía la parabolización, que consistía en darle una ligera curva parabólica, con lo cual las líneas ya no se veían rectas, sino ligeramente cóncavas. Entonces mi papá midió ambos espejos con la prueba de Foucault; más o menos acabamos nuestros espejos al mismo tiempo, pues aunque el mío era más chiquito, yo iba más despacio.

Luego seguimos con el tubo donde montaríamos el secundario, o sea, un espejo inclinado a 45 grados en el caso del telescopio de Newton. Para el montaje del ocular, empezamos con el de un microscopio que mi papá consiguió en el Monte de Piedad, aunque luego le encargó los mejores oculares de Alemania a un amigo óptico apellidado Kraut, quien trabajaba en la casa Calpini, famosa porque vendía toda clase de instrumentos, lentes y anteojos, teodolitos, niveles y los catálogos de todos los fabricantes europeos importantes. Mi padre siempre se aventaba a lo más bueno que podía pagar; en este caso, como los oculares Zeiss costaban 70 pesos a lo mucho, mandó traer varios.

Después vino un problema grave: cómo darle una superficie reflectora al espejo. El libro de Ingalls decía que se debía aprender a platear con plata, pero el chiste era depositar una delgadísima capa, de dos o tres micrómetros de espesor, sobre el espejo ya terminado, pulido y con la curva exacta. Eso era muy complicado y se requería saber algo de química para aplicar un milésimo de medio gramo de nitrato de plata, además de manipular amoniaco y glucosa; en fin, en el libro venía toda una receta que entrañaba cierto peligro, pues explicaba que por arriba de los 24° el nitrato de plata se vuelve explosivo; eso obligaba a estar midiendo con el termómetro que no pasara de los 22°, para no arriesgarse.

Luego de varios intentos fallidos, mi papá aprendió a platear. Lo primero era lavar cuidadosamente el espejo para que se depositara bien la plata; varias veces, en lugar del plateado salía una capa verde que él bautizó como sopa de chícharo. A las tantas, un día logró el plateado, y se entusiasmó con el espejo. En el tallercito de la planta de la W, ya habíamos instalado un soporte de madera, y él ideó una montura para su tubo, así como un soporte metálico a base de unos tubos que compró. Comenzamos a observar primero con su telescopio, pero pronto terminé el mío. Monté la óptica en un tubo de cartón resistente que conseguí en una tienda donde vendían alfombras; lo pinté, lo armé y pronto tuvimos los dos nuestros primeros telescopios. Con el de 18 centímetros de diámetro estuvimos viendo la oposición de Marte.

The Amateur Telescope Making explicaba cómo platear el espejo, porque para nosotros era imposible alumnizarlo ya que se requería una campana de vacío, que desde luego no teníamos en aquella época, pero que años después logré hacerla, como contaré poco más adelante.

Con mi telescopio de 10 cm de diámetro, lo primero que observé fue la nebulosa de Orión. Se veía bien, aunque con menos luz y menos aumento que con el de mi papá, donde se contemplaba maravillosa. La ubiqué gracias al Atlas Estelar de Northon, que recomendaban el libro de Ingalls para aficionados. Ese Atlas incluía los cuerpos celestes importantes, como los 104 objetos Messier, además de mapas estelares por zonas del cielo que correspondían muy bien a la realidad.

Los objetos Messier

Charles Messier había catalogado esos 104 objetos porque eran, precisamente, los que no quería ver. Él era un buscador de cometas y lo demás no le interesaba; cada vez que veía una nubecita o una cosa rara que no era una estrella, él lo seguía cuidadosamente y si descubría que se trataba de una nebulosa, como la de Orión, la marcaba en una lista para no perder el tiempo con ese objeto ya identificado como un no cometa. De ahí salió la lista más famosa para los aficionados. Ahora son ya 110 objetos, porque alguien le agregó otros al catálogo original. Messier usaba un telescopio chico (de 10 cm).

El caso es que con el Atlas de Northon aprendí a reconocer las constelaciones, viendo los dibujos en los mapas según las épocas del año. Lo siguiente que debo de haber visto fue la Luna, pero lo que más me impactó fue la nebulosa de Orión, que a simple vista se ve apenas como una estrella borrosa, pero con el telescopio se aprecia una impresionante nube de gas ionizado. La parte central de la nebulosa es más brillante; en cualquier telescopio chico, como los nuestros, se observan cuatro estrellas formando el llamado Trapecio de Orión, pero con uno de 20 cm de diámetro que tenga una óptica perfecta se distingue que en realidad son seis. Entonces, el reto para mi papá era llegar a ver las seis estrellas de la nebulosa de Orión.

Cuando regresaba de la secundaria salía a observar en las noches, a veces acompañado de amigos a los que invitaba, como Lalo Morfín, Costa, Mariano Hernández y otros.

A partir de esos años mi papá empezó a comprar *Sky and Telescope*, una excelente revista técnica para los aficionados que más o menos supieran de qué se trataba la astronomía, como era su caso. Lo interesante es que se enamoró de Marte, desde que leyó que se acercaba la oposición de este planeta en 1939, casi la mejor de aquella época.

Se llama oposición de un planeta a cuando éste se ubica en el lado opuesto con respecto al Sol, de manera que a medianoche se ve a ese planeta en el cenit, a 180° del Sol; además, en ese punto se encuentra lo más cerca que puede estar de la Tierra. Por lo tanto, ese periodo es ideal para observar cualquier planeta porque está más cerca, es muy brillante y se encuentra en medio del cielo a medianoche.

En consecuencia, mi papá se propuso hacer un telescopio mayor. Tomó el catálogo de *Corning Glass Works,* que vendía tejos para aficionados en Estados Unidos, y pidió un vidrio de 31 cm de diámetro. A ese nivel, ser aficionado a construir telescopios era como ser un entusiasta a oír discos, una cosa normal. De todas maneras, un vidrio de dos pulgadas de grueso por 31 cm de diámetro pesaba siete u ocho kilos y resultaba caro para mi papá porque él no ganaba mucho, aunque pidió dos para prevenir si tenía cualquier falla.

Como los vidrios tardaban dos meses en llegar, mientras tanto hicimos dos nuevos telescopios, que con la experiencia adquirida en los anteriores salieron más rápido: dos meses trabajando un par de horas diarias. Mi padre se puso a tallar uno de 25 cm, con el que ya se podrían ver las seis estrellas de la nebulosa de Orión, y yo uno de 15 cm, ambos con vidrio de tragaluz comprados en sobrantes de demoliciones.

Cuando llegaron los tejos de 30 cm de Pyrex, fuimos a comprar como herramientas unas ruedas de 30 cm de vidrio de tragaluz y empezamos a tallar. El suyo fue de 2.30 metros de distancia focal y el mío de 90 cm; como yo quería retratar la luna en el eclipse lunar total que iba a haber, necesitaba mucha apertura y poca distancia focal, para que el telescopio fuera muy luminoso, fotográficamente hablando.

En tallarlo y dejarlo listo para que ya viera, mi papá tardó dos meses, pero para lograr la parábola perfecta como quería se llevó más de un año. No lo terminó para la oposición de Marte en 1939, pero sí para la siguiente oposición de 1941. Armé una montura de madera porque había aprendido un poco de carpintería. Era un octágono a base de tiras de madera de 1.5 pulgadas; ahí tengo el tubo todavía. Después elaboré una montura más elegante de aluminio copiando un poco la idea del telescopio de Monte Wilson.

Esa montura la doné al museo Universum y está en el segundo piso en el ala de Astronomía, con el espejo original que mi papá talló para ver a Marte en su oposición en 1941.

Los telescopios de mi papá

Con ese telescopio de 30 cm de diámetro vimos los canales de Marte. Como el telescopio mide dos metros de largo, había una escalera tipo burro por la que mi papá subía para ver un rato, mientras yo estaba en la casa —instalamos el telescopio como a 50 metros de la casa para estar lejos de la luz. Cuando bajaba, él se iba a la casa para dibujar sus observaciones mientras yo subía un rato a mirar; después de 10 minutos él regresaba, yo bajaba y dibujaba lo que había visto. Lo cierto es que cuando bajábamos a dibujar ya no reteníamos bien lo observado, por lo que nos echamos unos 10 viajes para ir precisando los detalles, pero sin decirnos nada para no influirnos. Ahí tengo los dibujos en los que aparecen los canales en los mismos lugares.

Canales de Marte

Los canales de Marte se derivan de la observación del famoso astrónomo italiano Giovanni Schiaparelli, el primero que dijo haber visto esos canales y trazó durante la década de 1880 unos mapas bastante buenos.

Luego el comerciante estadounidense Percival Lowell leyó lo reportado por Schiaparelli y escribió sus hallazgos.

Entonces empezó un gran debate entre los astrónomos que veían canales y dibujaban mapas, y los que no los observaban, quienes aseguraban que eran puros inventos. Este debate fue tan interesante que Percival Lowell decidió montar un observatorio a todo lujo para los años 1890; entre los lugares donde pensó instalarlo figuraba Tacubaya, pero finalmente se decidió por Flagstaff en Arizona. Ahí mandó construir un señor telescopio refractor de 15 pulgadas de diámetro, donde se dedicó a estudiar a Marte cuidadosamente; no sólo confirmó los hallazgos de Schiaparelli, sino que trazó mapas más detallados que los anteriores y en la prensa dio a conocer sus hallazgos y dibujos.

Conviene aclarar que en las fotografías de Marte no se apreciaba ningún canal por efecto de la atmósfera terrestre. Es decir, no se podían fotografiar por el viejo y discutido problema de la reverberación atmosférica, del movimiento de la imagen debido a las capas de aire irregulares a ciertas alturas y a diferentes temperaturas, que provocan que el detalle fino se pierda. Así, para sacar una fotografía de Marte se necesitan de tres a cinco minutos de exposición, durante los cuales en la imagen se borra todo el detalle fino por los movimientos de la propia atmósfera.

Por ello era imposible que se viera como con el ojo humano, porque éste es como un cine; es decir, vemos como en treintavos de segundo y el cerebro va integrando la imagen observada: si se mueve un poquito el canal —por el mismo movimiento de las capas de la atmósfera—, el ojo lo sigue y mentalmente se integra la posición del canal. En cambio, con la película fotográfica no se puede hacer eso; en lugar de captar una línea, ésta se difumina con el movimiento y acaba por no verse nada; entre más tiempo de exposición hay, menos se ve. Y con una exposición muy corta no alcanza a salir nada.

El telescopio de 30 cm nos permitió observar no sólo los canales marcianos, el verdadero reto, sino además las seis estrellas de la nebulosa de Orión, totalmente resueltas y definidas, aparte de Saturno, Júpiter y otros astros.

Con el telescopio de 30 cm y 90 cm de distancia focal que construí tomé las fotos del eclipse total de Luna. En este caso diseñé una armadura de varillas delgaditas, de las que usan los albañiles para los estribos con los que se amarran las varillas gruesas; eran como de ¼ de pulgada de diámetro y sin estrías: un alambrón grueso que enderecé y soldé con soldadura autógena. Quedó una montura padrísima que aún conservo. Ése era mi telescopio fotográfico.

Después del éxito de su telescopio en la oposición de Marte, en 1941 mi papá se propuso construir unos telescopios más grandes. Como ya no sería posible trabajarlos a mano, por el peso de los vidrios, decidió que las platinas eran ideales para el espejo. Estaban pensadas para el uso diario de un cine, donde no se puede salir con el pretexto de que se estropeó el motor; entonces las compró y nos hicimos unas máquinas de pulir, aunque el esmerilado lo llevábamos a cabo a mano. Su meta era terminar los otros telescopios para la siguiente oposición.

En los años cincuenta, los tejos más grandes que la Corning fabricaba en serie, a precios accesibles, eran de 40 cm de diámetro. Mi papá mandó pedir cuatro tejos para dos telescopios, que para entonces serían probablemente los más grandes que hubiera construido aficionado alguno en el mundo, y en México sin duda alguna; incluso preguntó si había otro más grande, y le contestaron que tenían uno de 70 cm de diámetro, pero que salió demasiado delgado; se lo ofrecieron al mismo precio que uno de 40 cm y lo compró.

Cuando llegaron los tejos de 40 cm, mi papá decidió hacer un telescopio de F10 y otro de F8 —10 y 8 veces la distancia focal que el diámetro del espejo, respectivamente. Es decir, para un espejo F10 de 40 cm la distancia focal es 4 metros; para un F8, de 3.20 metros. Él estaba convencido de que entre más distancia focal tuviera un objetivo, mejor se vería; nunca estuve seguro de que fuera cierto, pero era inútil discutir con mi papá. Ahora se podría analizar en cinco minutos con una computadora, pero en esa época no las había. Lo indiscutible es que entre mayor es la distancia focal, más grandes se ven los objetos.

En síntesis, ya en la década de 1950 teníamos en total seis telescopios —aparte de los que les vendíamos a mis amigos de la escuela—, entonces empezamos a pensar muy seriamente en tallar el tejo de 70 cm.

En México el telescopio más grande en esa época era el de Tacubaya, de 38 cm, pues no se había construido aún el de Tonanzintla, de un metro. O sea, los de nosotros eran más grandes que el objetivo de Tacubaya; además, permitían observar mejor que en este último porque alguien cometió allí un grave error: mandó hacer una cúpula más chica que el telescopio, y en consecuencia éste no cabía en aquélla, por lo que para corregirlo tuvieron que recortar la óptica y el tubo. Por lo tanto, en el telescopio de Tacubaya se veía muy mal porque la corrección cromática no se podía dar a F13.

Joaquín Gallo fue a conocer nuestros telescopios y se quedó admirado al ver Marte, como nunca logró hacerlo en Tacubaya. Cuando fui a Tacubaya y observé Saturno, indiscretamente le comenté a mi papá que se veía de colores por la aberración cromática; con mi comentario apené a Gallo, pero si se veía de colores Saturno, ¿qué clase de telescopio era? Las fotos de Saturno que muestra la NASA tienen colores falsos de computadora, pues sus anillos son en realidad de un tono blanco ligeramente amarillento.

Todo aquello sucedió al margen de la Sociedad Astronómica de México, de la que ni mi papá ni yo fuimos muy afectos, así que trabajamos de forma independiente. Pero compartíamos un amigo con esa sociedad,

Fernando Grajales. Por su conducto también fueron Guillermo Haro y Luis Enrique Erro a ver los telescopios de mi papá. Cuando este último vio Saturno, elogió nuestro trabajo y dijo que éramos unos aficionados de categoría. Guillermo Haro, en cambio, fue seco, poco amable; qué le costaba decir algo agradable, máxime que el doctor Erro, que era su jefe, se había portado muy cortésmente.

Cuando la XEW se mudó de Coapa a San Felipe en Iztapalapa, montamos los telescopios de 40 cm como se debe; a los otros ya no les hicimos mucho caso.

Para el de 70 cm en que empezamos a trabajar construí una montura muy respetable de aluminio y acero, porque el tubo mide 6 m de largo y 80 cm de diámetro, o sea, un telescopio impresionante (que tengo desarmado en mi casa).

En lo que terminábamos ese telescopio, sobre esa montura colocábamos los de 40 cm. Nos dedicamos a observar el cielo, y vimos perfectamente todos los objetos Messier; luego les adaptamos un motor para poder fotografiar; entonces, los de 40 cm ya eran telescopios fotográficos. Estábamos en la frontera del aficionado mundial.

El de 70 cm sufrió una tragedia: el vidrio se nos rompió porque era muy pesado. Lo cargábamos siempre entre dos o tres, y en una ocasión se les resbaló a Arroyo y Chavira —dos mecánicos de la XEW— cuando ya estaba pulido y plateado, aunque todavía no terminado.

Jugo de aluminio: la campana de vacío

La historia del aluminizado es muy interesante. En 1945, cuando estaba en la carrera en la Facultad de Ingeniería, conocí una juguería donde tenían una campana de vidrio muy bonita; por dentro una bomba le echaba un chorro de jugo, que escurría por las paredes cuando pegaba en la parte superior. Cuando la vi pensé que estaba excelente para hacer una campana de vacío, porque soñábamos poder aluminizar en lugar del plateado, que era una lata porque a las dos o tres semanas se oxidaba y se veía amarillo, como los cubiertos de plata, así que se necesitaba volver a platear; nos llevaba un día de trabajo para ver bien ocho días, y luego el espejo ya estaba amarillento de nueva cuenta. En cambio, el aluminio puede durar indefinidamente, a menos que lo tallen o se ensucie con polvo.

Como anhelábamos aluminizar, mi papá se compró un par de libros sobre técnicas de laboratorio de alto vacío; el aluminizado requiere primero un equipo de vacío, es decir, una campana y una bomba que extraiga el aire; luego se coloca dentro de la campana el espejo y un filamento de tungsteno alimentado externamente con corriente eléctrica. Se necesita una barra gruesa sobre la cual se montan unos jinetes o tiras de aluminio para que no se caiga el filamento. Cuando ya se logró el máximo vacío posible, que debe ser muy bueno, se enciende el filamento. Un vacío aceptable es como 70 000 veces menor que la presión atmosférica, parecido al que tenían los bulbos de radio o los cinescopios de los televisores. Al enviarle corriente al filamento, el aluminio montado como jinete se pone al rojo, luego al rojo blanco, a los 1 000 °C se funde y después a los 1 300 °C se evapora; al no haber gas, el vapor de aluminio se dispersa por la cámara y se condensa en todas sus paredes. Así como el agua empaña el parabrisas de un coche, igual sucede con el aluminio, y ésa es la capa reflectora.

El caso es que empecé a convencer al dueño de la juguería para que me vendiera la campana de vidrio, pues resulta que medía 40 cm de diámetro, exactamente lo mismo que el telescopio en el que estábamos trabajando y cabían perfecto los de 30 cm. Debí aficionarme a los jugos, e ir todos los días, saliendo de clase, con mis amigos. Ideamos un plan para acosar al dueño e insistirle en que me vendiera su campana. "¿Pero para qué la quieren?", preguntaba. "Es que necesitamos ejecutar un experimento de física y está ideal".

Fue medio año de tomar jugo a diario y rogarle que nos vendiera la campana. A los seis meses el condenado nos confesó que tenía dos campanas, y dijo que tanto estábamos moliendo que nos la vendía, pero en no menos de 150 pesos, que no era ni mucho ni poco. Por supuesto acepté.

Puesto que ninguno de mis amigos tenía coche, me llevé la campana en mi moto, manejando con mucho cuidado desde Tacuba hasta calzada de Tlalpan 3000. Me ayudó mi amigo Antonio Elízaga. Llegamos con la campana sanos y salvos.

Mi papá, por su parte, acababa de comprar en el Monte de Piedad una bomba mecánica de vacío y había pedido una bomba de difusión a una casa estadounidense proveedora de aparatos de física.

Preparé primero la platina en la que iba a colocar la campana; esmerilé un vidrio cuadrado de tragaluz de 50 × 50 para que la superficie de la campana sellara bien contra el vidrio; le practiqué un agujero al centro de

6 o 7 cm para que entrara el tubo de la bomba y dos agujeros chicos para enviar corriente a los electrodos.

Cuando por fin llegó la bomba de difusión de vidrio, armamos la mesa, y ya colocadas las bombas mecánicas y la de difusión con sus apagadores, sellé bien, puse la campana y le conecté la bomba de vacío; asenté una toalla mojada sobre la campana y me salí del tallercito por si saltaban los vidrios, pues no sabía si aguantaría la presión atmosférica. Al ver que sí resistía, entré y le quité la toalla mojada; ya tenía el transformador conectado con los electrodos, vi la descarga y observé cómo se ionizaba el gas. Así fuimos aprendiendo a obtener el vacío en 1946.

De esta forma, logré crear el primer aluminizador en México, sacándole jugo a una campana de vacío que me inventé a partir de aquel hallazgo en la juguería.

Si bien la tecnología del vacío se dominaba en los países desarrollados, en México no se conocía, pues para esa época la Facultad de Ciencias llevaba pocos años de haberse fundado —1939—; no tenía a quién preguntarle más que al libro de mi papá. Ahí sí fui el pionero, aunque en ese momento no lo sabía. Lograr el alto vacío sigue siendo un problema, como lo comprobaron los del Instituto de Astronomía, que se la pasaron ocho meses aprendiendo a obtenerlo para el Mepsicron, en los años ochenta.

Nunca invitamos a nadie a que lo viera, ni nos interesaba darlo a conocer en los periódicos y ni siquiera se nos había ocurrido que eso fuera tan importante o tan extraño. No nos movía ningún interés más allá de aluminizar los espejos para ver mejor en los telescopios.

El aprendizaje fue paulatino. La bomba mecánica de vacío adquirida en el Monte de Piedad estaba desgastada, no daba el vacío necesario y nunca pudimos aprovecharla para aluminizar; sólo sirvió para aprender las técnicas de alto vacío en la práctica, porque el libro ya me lo sabía, pero de ahí a lograr el vacío faltaba un rato —es como aprender a andar en bicicleta en un manual—. Luego mi papá mandó pedir una bomba rotativa de alto vacío, que costaban 600 o 700 dólares. Cuando la recibimos, a los tres días ya habíamos logrado el aluminizado del espejo porque esa bomba sí funcionaba de verdad.

Como alguna vez le dije al doctor Jorge Flores, entonces director del museo Universum, hay dos caminos para tener una máquina evaporadora: uno como de 25 000 dólares, que consiste en coger un catálogo y comprar un equipo ya hecho, y otro como de 2 000 con todo y el viaje, comprando en los fierros viejos de Los Ángeles, donde encuentras una máquina de vacío incompleta y una bomba medio desgastada a una fracción del precio.

Por ejemplo, con mi amigo el astrónomo Miguel Roth, formulé el diseño para aluminizar el espejo de San Pedro Mártir, que es una cámara de 2.50 metros de diámetro. Para las especificaciones de vacío pedimos asesoría a su amigo Ed Graper, a quien le dije que quería hacer una campana evaporadora económica. Él propuso que fuéramos con sus conocidos de Los Ángeles, y en Malibú compré el chasis de la máquina de vacío con la bomba, no tenía nada más. Luego fuimos a otra casa de fierros viejos de vacío y ahí adquirimos dos medidores de vacío, uno en 25 dólares y otro en ciento y tantos, para quitarle al de 25 lo que le faltara al de 100. Luego Ed Graper le regaló a la UNAM la campana de vidrio, y así con otras partes más que recolecté con mis amigos construimos parte del telescopio en Los Ángeles. Les pedí que nos lo embarcaran y aquí en México lo completamos; aún está funcionando.

Ésa fue la historia principal de los telescopios de aficionados. Mi papá dejó a medio pulir un espejo de 40 cm, y yo otro que ya nunca acabé.

El telescopio con el que vimos la oposición de Marte en 1941, de 30 cm de diámetro, está en Universum y funciona perfectamente. Hay otro en el observatorio del mismo museo, pero ése es un telescopio de marca y lo compramos hecho, de lujo, muy bien acabado y listo para montarlo.

Uno más se encuentra debajo de la escalera en la entrada de dicho museo, lo hicimos en el Centro de Instrumentos para la Universidad de León, pero no se firmó el convenio y fui a recogerlo para exhibirlo como ejemplo del telescopio de San Pedro Mártir. El espejo ya lo habíamos mandado hacer, y hemos estado trabajando para construir el secundario en el Fisilab. La idea es colocarlo en lugar del acelerador lineal que está en la entrada, apuntado hasta lo más lejos que dé el interior del museo para poner una mosca y verla como si estuviera bajo un microscopio, a fin de que la gente vea el aumento de un telescopio de una manera accesible. Hemos trabajado en este espejo secundario de 12 cm que es convexo, y estamos desarrollando una técnica medio novedosa para probarlo, al alcance del aficionado que no tiene una esfera de prueba ni medios para checar este tipo de óptica.

Aún conservo el telescopio más grande que construí y que pulí, de 50 cm. Lo ando cuidando porque es muy delgadito y puede romperse. Lo había puesto, según yo, en un lugar muy seguro, debajo de la cama;

pero un día lo descubrió mi ama de llaves y me preguntó qué hacía allí ese espejo. Le dije: "¡Momento!, ¿va usted a sacudir? ¡Permítame, ahorita lo saco!". Lo guardé en otro lado de la casa donde creo que quedó fuera de su alcance. Esas cosas para mí tenían valor en aquel momento, pero actualmente no creo que le interese a nadie, aunque los telescopios de aficionado más grandes son de 30 o 40 cm, no mayores de 50 cm.

¡Ah, qué época cuando para ver por nuestros telescopios había que subir a la punta del tubo con unas escaleras grandes de burro, con soportes para que no se movieran cuando estábamos trepados a cinco metros del suelo, asomándonos al ocular! ¡Era increíble!

Guardo fotos y le ofrecí una vez a Julieta Fierro, entonces directora general del museo Universum, exponerlo no como telescopio, sino como un monumento o como una pieza de adorno en uno de los patios alrededor del museo, porque realmente es una estructura bella y además puede inspirar una idea a algún aficionado. He visto cosas más feas que les llaman obras de arte, y no veo porque ésta no pueda competir.

La astronomía como profesión

Al final del capítulo anterior narré que en 1970, cuando trabajaba en Campos Hermanos, se concertó una reunión en el Instituto de Astronomía de la UNAM para ver si podíamos participar en la construcción de la cúpula del observatorio de San Pedro Mártir. De ahí, provino una relación profesional con la astronomía, ya no como aficionado, porque implicaba trabajar de lleno en el proyecto del observatorio y dejar mi propia empresa, así como renunciar a mi empleo en Campos Hermanos y como asesor de las televisoras.

Nos atendió don Arcadio Poveda Ricalde, quien había sido nombrado un par de años antes para suceder en la dirección del Instituto de Astronomía a Guillermo Haro, que estuvo en ese cargo durante por lo menos 15 años continuos. Arcadio había regresado de Estados Unidos, donde estudió en la Universidad de California en Berkeley, y se recibió de astrónomo; allá desarrolló un trabajo muy importante para calcular estrellas múltiples, que se llama *método Poveda*, reconocido en la literatura especializada.

Años antes, Guillermo Haro había sondeado la posibilidad de establecer el nuevo Observatorio Astronómico Nacional en la sierra de San Pedro Mártir, Baja California. Incluso él y mi amigo Adrián Breña subieron a caballo a ver el terreno e instalaron un telescopio de prueba para analizar si la calidad de la atmósfera era la adecuada, a casi 3 000 metros de altura sobre el nivel del mar. Resultó que el sitio era excelente, por lo que se decidió instalar ahí el nuevo observatorio.

Por lo tanto, yo ya sabía del proyecto gracias a Adrián, quien me mostró fotos, pero pensaba que era un plan muy lejano que quién sabe si algún día se realizaría. Sin embargo llegó ese día.

Luego de entrevistarme con don Arcadio, una de mis primeras impresiones fue que, por cuestiones de peso, en Campos Hermanos no resultaba práctico hacer una cúpula con el tipo de acero que usábamos para estructuras pesadas, como los gigantescos tanques de almacenamiento de combustible de Pemex, de hasta 30 metros de diámetro, hechos con placas de ¾ de grueso. Por otro lado, en la empresa no producíamos material delgado por el tipo de maquinaria que manejábamos en la planta. Pero en cambio en la División de Maquinaria y en la de Estructuras sí podíamos pensar en fabricar el telescopio.

Analizando estas posibilidades, era importante definir de qué tamaño podíamos crear un telescopio dadas las instalaciones y capacidades de Campos Hermanos. Por ello, luego de estudiar los tornos grandes (fresadoras y cepillos grandes) con que contábamos, consideré que el diámetro máximo al que podríamos aspirar era de 1.5 metros; desde luego, era muy superior al de un metro de diámetro de Tonanzintla, pues el de 1.5 metros del de San Pedro tendría más del doble de la capacidad del telescopio.

Respecto al presupuesto, el que nos ofreció la fábrica que se consultó –Chaises, Group, Pearssons– estaba fuera del alcance de la UNAM, porque se trataba de 4 o 5 millones de pesos nada más del puro telescopio de metro y medio de diámetro.

Mientras continuaban las pláticas entre el Instituto de Astronomía y Campos Hermanos, empecé a trabajar en la idea de construir el telescopio. El proceso fue muy interesante porque Arcadio Poveda no imaginaba que yo tuviera la práctica o la experiencia necesarias para fabricar estructuras o telescopios, aparte de lo que le había platicado; probablemente también sabía lo que mi papá y yo habíamos logrado como aficionados. No creo que Guillermo Haro le haya hablado de nuestro trabajo porque cuando fue a mi casa a ver nuestros telescopios puso cara de *fuchi*; además nunca se nos ocurrió hablar con nadie del Instituto de Astronomía... Ni sabíamos que existiera. Sólo conocíamos a la Sociedad Astronómica de México a través del ingeniero Fernando Grajales, muy amigo de mi papá.

Por lo mismo, le platiqué a don Arcadio sobre los telescopios grandes que habíamos hecho en la casa y le causó mucha admiración que un par de aficionados se dieran a la tarea de construir telescopios de 70 centímetros, que eran grandes en cualquier parte del mundo. Ante esto, advirtió nuestra experiencia en construcción; además, le comenté que en la planta había rediseñado un horno eléctrico, lo cual evidenciaba un dominio importante en el diseño de maquinaria.

Es decir, un telescopio no es más que una locomotora aplicada a ver estrellas o un horno eléctrico que en lugar de fundir acero mira las estrellas; prácticamente es lo mismo, pero con otra aplicación. Esta comparación le dio mucha risa a don Arcadio. En otras palabras, se trataba de diseñar una estructura y grandes mecanismos que efectuaran ciertos movimientos, aplicándolos al fin y a la estructura.

Le dije que lo primero era calcular a cómo salía el kilo de telescopio, lo cual también le pareció muy gracioso, pero se dio cuenta de que en realidad era la única manera de saber cuánto costaría un telescopio, pues cuanto más ligero fuera, más barato sería.

Entretanto, vino el problema financiero de los hermanos Campos, que empezaron a ver lo difícil que resultaría salir adelante. Pero a mí eso no me detuvo, sino que armé una maqueta en madera del modelo del telescopio de metro y medio que había planeado. Se convocó a una reunión con el rector de la UNAM, el doctor Guillermo Soberón Acevedo, quien cuando vio la maqueta y los planos que presenté se animó y nos dijo: "Estando así las cosas, voy a ver cómo consigo un poco más de dinero para que construyamos un telescopio más grande. Y ustedes estudien la posibilidad de hacer uno de más de dos metros de diámetro".

A mí se me fue el aire cuando oí eso, porque no había en México los medios para lograr aquello, pues en Campos Hermanos, la única empresa nacional con la experiencia en producción de maquinarias de precisión de alto tonelaje —justamente la que se acercaba a construir un telescopio—, no disponíamos de esa capacidad por razones de tamaño de la maquinaria. En cambio, Arcadio Poveda se entusiasmó por la posibilidad de tener un telescopio de más de dos metros.

En ese tiempo, don Arcadio me contrató de medio tiempo y entré el 16 de septiembre de 1970 a la UNAM con una plaza de mecánico "H", porque aún no había técnicos académicos en el esquema administrativo de la universidad; eso lo inventaron después, en parte para admitir gente como yo, que no era profesor ni tampoco investigador. Acepté porque me encantó la idea de colaborar en el proyecto de San Pedro Mártir encabezado por una persona excelente como el doctor Poveda, que dirigía un equipo de colaboradores muy entusiastas, en especial Enrique Daltabuit y Pepe Warman, y muchos más que luego fui conociendo.

Mi tarea inicial fue empezar a diseñar el telescopio y de inmediato montar los otros dos que ya había en la cima de San Pedro Mártir. Uno de ellos fue donado por el ingeniero electrónico y astrónomo Harold Johnson, el inventor de toda la electrónica aplicada a la astronomía; o sea, que él diseñaba todos los fotómetros. Debido al gran cariño por México, por Arcadio y por la astronomía mexicana, este hombre donó un telescopio de metro y medio con un espejo de metal, que era una prueba ideada por él mismo.

Finalmente, yo mismo disuadí a Arcadio, porque en Campos Hermanos se producían estructuras muy pesadas, no como una cúpula, que debe ser lo más ligera posible. Y aunque los tornos sí eran adecuados para fabricar un telescopio de 1.5 metros de diámetro, o sea, la parte estructural pesada, uno de dos metros, como lo sugirió el doctor Soberón, rebasaba nuestras posibilidades.

Por lo tanto, la opción era ir a buscar en Estados Unidos quién pudiera encargarse de este trabajo, y allá me mandaron. El doctor Poveda me recomendó hablar con Harold Johnson, de la Universidad de Arizona. Además de lo que ya señalé sobre este famoso astrónomo, él era un especialista electrónico que desarrolló un sistema de fotometría-fotoeléctrica de tres y cinco colores (universalmente reconocido porque permitía clasificar rápidamente las estrellas), y además conocía buenas ideas sobre cómo producir telescopios relativamente económicos.

Ya en Estados Unidos, fui a la calle 22 de Tucson, Arizona, donde Harold Johnson mantenía un laboratorio fuera del campus universitario. Me pareció un tipazo, una persona sensacional, muy simpático, colaborativo. Al ver que había adquirido alguna experiencia en la fabricación de telescopios, le dijo a Arcadio Poveda que le parecía conveniente que fuéramos él y yo a Astromecánica, una firma que estaba en Austin.

Ahí tenían un taller donde se fabricaban estructuras de tipo especial, cosas raras; entre ellas, Harold Jonhson les dibujó varios croquis para que construyeran un telescopio de 1.5 metros. También mandó hacer un espejo de aluminio con una forma muy especial y elaborado con un material muy ligero, dentro del concepto de un telescopio ligero, el cual ya estaba terminado.

Me pareció que Astromecánica era una fábrica de buena calidad, pero no acostumbrada a la alta precisión. Elaboraban estructuras extrañas, piezas únicas para aparatos de física, soportes para equipos y demás, mas no me pareció muy buena la fabricación del telescopio de dos metros que estaban terminando. Era demasiado rústico, y para el Observatorio Astronómico Nacional se necesitaba algo más selecto. Francamente, lo vi defectuoso desde muchos puntos de vista, pero fue una buena experiencia porque pude platicar varias horas con Harold Johnson.

Estuvimos en su laboratorio, donde le platiqué que había acumulado cierta experiencia en electrónica y en acero, y se dio cuenta de mi capacidad. Acabamos siendo muy buenos amigos. Él decía: "Me llegan estudiantes de México que no saben usar las manos, ni soldar bien ni cortar cables". Era un hombre de acción y sabía soldar muy bien una resistencia; profesionalmente se quejaba mucho de que parecía que aquéllos no querían involucrarse en tareas menores, como conectar un alambre. Le platiqué largo y tendido sobre el proyecto de San Pedro Mártir.

Quedamos en que era necesario montar los telescopios que se estaban terminando en el taller de Astromecánica. La montura para el espejo de 84 cm se estaba tallando en el Instituto de Astronomía bajo la dirección de Daniel Malacara. José Castro Villicaña era el óptico práctico, el pulidor que hacía el trabajo. Al terminar la montura del de 84 cm y el espejo, inclusive se realizaron algunas pruebas con el telescopio afuera, sin cúpula y sin nada, en la Universidad de Arizona. Finalmente, se decidió que se instalaran en San Pedro Mártir de forma definitiva.

El primer trabajo que me encomendó Arcadio fue ir con Harold Johnson a San Pedro Mártir. En ese momento ya estaba listo el telescopio y construidas las bases de concreto de los dos, el de metro y medio y el de 84 centímetros. De esta manera, en diciembre de 1970 subimos, llegaron los mecánicos, ya teníamos el total de las piezas, y armamos los dos telescopios junto con los astromecánicos como los responsables de todo el montaje.

Harold Johnson regaló infinidad de objetos a San Pedro Mártir, sobrantes de guerra como "el pato", una grúa muy buena con un brazo de ocho metros de altura. Donó un taller precioso que era una especie de tráiler chiquito, montado sobre ruedas, con un torno dentro, un taladro y todo en pequeña escala para hacer piezas relativamente chicas. Contaba con todos los tamaños de los desarmadores, de brocas y todas las herramientas necesarias para trabajos de torno, cepillo, fresa… Era el centro de mantenimiento de lo poco que había arriba en la sierra.

Instalamos los dos telescopios en diciembre. Por cierto, con motivo del homenaje a Arcadio Poveda en el marco de las celebraciones por los 150 años de la UNAM, le pasé unas fotos a Silvia Torres, entonces directora del Instituto de Astronomía, y di una plática sobre aquellas vivencias con Poveda.

Con un pie en el Instituto de Astronomía

Para cuando regresé a México, aparte de mi trabajo de medio tiempo en el Instituto, seguía como asesor de la dirección en Campos Hermanos y todavía no había cerrado CISESA, mi empresa donde fabricaba los transmisores de radiodifusión de AM.

En mi cubículo empecé a trabajar en el proyecto del telescopio de 2.12 metros de diámetro.

Como ya comenté, antes del viaje a Estados Unidos presenté el proyecto de un telescopio de 1.5 metros en dibujos y en una maqueta de madera, pero con una montura de mayor calidad que la acostumbrada en Astromecánica y consideré que hacia allá apuntaba el futuro. Sin embargo, a los astrónomos del Instituto les pareció inadecuada, pues opinaron que eso nunca se había hecho.

Como hubo una negativa rotunda y yo no era ninguna figura para discutir, me fui por el camino convencional de construir un telescopio con montura ecuatorial, lo más económica posible. Luego de estudiar detalladamente las diferentes posibilidades, acabé por diseñar una montura de cuna o yugo, que consiste en un marco rectangular que gira alrededor del eje paralelo al de la Tierra y a la mitad del marco, un eje a 90°, con el que se le da la altura para que el telescopio apunte hacia el Norte o hacia el Sur. Esta montura tiene cantidad de consideraciones de carácter técnico y económico; dentro de la calidad de función que se deseaba, necesitaba buscar la versión más barata posible.

Ahí es donde entra el ingenio tecnológico, a fin de conseguir el mismo resultado a menor costo. Para elaborar mis diseños, tracé numerosos dibujos (cuando se diseña es preferible dibujar uno mismo porque así se entiende mucho mejor lo que se está creando).

Sin embargo, me costaba concentrarme porque compartía la oficina con otra persona, y un día le dije al doctor Poveda: "Aquí no puedo diseñar, necesito salirme del entorno". Arcadio y Eugenio Mendoza —uno de los astrónomos más importantes del Instituto— me recomendaron hablar con Bill Baustin, director técnico del Observatorio de Kit Peak, ubicado en una montaña vecina a Tucson, Arizona, que contaba con los telescopios más modernos del mundo. Y para allá me fui.

Quince días antes de ver a Bill Baustin, me encerré en un hotel de Tucson para plasmar mis diseños; así tracé 30 dibujos, suficientes para demostrar cuál era mi proyecto de telescopio. Entonces fui a casa de Baustin, le dije que me recomendaba Arcadio Poveda y le mostré mi trabajo; le parecieron bien los diseños, nos entendimos de maravilla. Le pedí que me respaldara en Estados Unidos, pues representaría el aval del director técnico del Observatorio de Kit Peak para dar fe ante una fábrica de que yo sabía de lo que se trataba. Ya con su apoyo definimos el plan.

Entre otras actividades, en febrero de 1971 tomé un curso de dos meses de ingeniería óptica en el Centro de Ciencias de la Óptica (Optical Science Center) en la Universidad de Arizona. En una ocasión en que la clase de la tarde se trataba de proyectiles dirigidos con rayos infrarrojos, lo cual no me interesaba, salí a tomar el fresco. Pero casi al mismo tiempo otra persona abandonó el salón y empezamos a platicar. Me comentó que él trabajaba en el Observatorio de Kit Peak. Le conté que en México estábamos planeando construir un telescopio, que tenía yo alguna experiencia en esto y que acababa de terminar un telescopio Maksutov de 18 centímetros de diámetro. Eso le encantó.

Se trataba ni más ni menos que de Norman Cole, quien había fabricado el espejo de 4 metros de Kit Peak. En el trayecto me invitó a conocer los talleres del observatorio. "¡Encantado! –le dije–. Eso es mucho más interesante que la clase de proyectiles dirigidos". Gracias a él conocí el gigantesco taller de Kit Peak para producir espejos de hasta seis metros de diámetro. Desde ahí nos volvimos muy amigos.

Ya de regreso a México, con el dinero que había ofrecido Soberón, comencé a trabajar en el diseño de un telescopio lo más grande posible. Cuando Arcadio Poveda supo de mi contacto con Norman Cole, a quien no conocía en persona, le encargamos oficialmente que nos buscara un espejo de un poco más de dos metros, que era para lo que alcanzaba más o menos el presupuesto aprobado, alrededor de tres o cuatro millones de pesos de aquellos tiempos.

Por carta le solicité a Norman Cole que nos recomendara a alguien para tallar el espejo, porque nosotros no teníamos máquina de pulir. En Tonantzintla sí contaban con una porque ahí estaban puliendo el espejo de dos metros que Harold Johnson donó al INAOE para el telescopio que Guillermo Haro quería construir, pero el Instituto de Astronomía no llevaba buenas relaciones con el INAOE.

En su respuesta, Norman Cole nos dijo que él podía montar en su casa una máquina para pulir ese espejo. Ante esta situación, con el respaldo del doctor Arcadio Poveda, se le pidió a Cole que comprara para nosotros un tejo en Illinois. Él consiguió uno de 2.15 m. A la hora que se torneó, una de las innovaciones que propuse fue la forma para ese espejo, a fin de que fuera más delgado y con una especie de ala alrededor, o sea, no es un cilindro común y corriente.

Propuse el espejo más corto posible. Hasta ese momento, el más corto que se había hecho era un f/3. Dije que me atrevería a intentar un f/2.7, o sea un brinco de 30 × 50, para estar en la frontera del conocimiento práctico. Eso era lo más corto que Norman Cole se atrevía a garantizar. Con mis modificaciones para adelgazarlo, el espejo pesaba como una tonelada menos, lo que implicaba unas 30 toneladas menos de peso total del telescopio; por ejemplo, el telescopio de la Universidad de Arizona medía 2.5 m de diámetro y pesaba 70 toneladas, mientras que mi diseño era de 40 toneladas e iba a medir 2.12 m, una diferencia considerable.

Una vez puestos de acuerdo, en 1972 el Instituto de Astronomía contrató a Norman Cole para que nos hiciera el espejo. Por mi parte, empecé a trabajar duro en el proyecto de un telescopio mayor y en el detalle de una montura totalmente original para facilitar su traslado a la fábrica; así arrancó el proyecto. En 1973 se definió el tamaño final porque ya contábamos con el tejo, con el cual se define todo lo demás.

Aunque no fue idea mía, desarrollamos también un apoyo neumático en unas cámaras infladas de hule, a fin de que el espejo descansara muy suavemente en tres puntos.

En consecuencia, me dediqué a dibujar detalladamente cada pieza para que en Los Ángeles los fabricara L&F Industries, la empresa que me recomendó Bill Baustin. Allí se comenzó a construir la estructura del telescopio, o sea la parte mecánica de las piezas pesadas, mientras que con Boler y Chivens, así como con Western Gear, contraté los engranajes, cuyo diseño me los dio Kit Peak.

Otro cambio importante, aunque era la primera vez que se practicaba, es que en lugar de engranes a base de husillos sinfín y corona propuse emplear engranajes helicoidales; algo similar había hecho Larry Bare en el telescopio de cuatro metros de Kit Peak.

Cuando le conté que estaba construyendo un telescopio moderno y lo más barato posible, él me regaló los planos y los mandé a fabricar a Bolder y Chivens, la empresa que contrató Kit Peak, escalándolos al tamaño adecuado. Allá nos echaban la mano en todo.

Esos engranes son los que permiten mover el telescopio, es decir, un instrumento de 40 toneladas, y siempre han sido más o menos, del mismo tamaño que el espejo.

Mi estrategia era llevar los planos a fábricas distintas para integrar así un telescopio, contratando con diferentes proveedores para obtener el mejor precio de cada uno. Éste es un principio de economía tecnológica; por un lado, tenía a Norman Cole trabajando el espejo; por el otro, a Bolder y Chivens y a Western Gear para hacer los engranes. Esta última es la fábrica más importante de engranes de Estados Unidos, y con el apoyo de Bill Baustin aceptó venderlos a un precio para universidad, casi con 40% de descuento.

Los engranajes principales deben de haber costado unos 9 000 dólares cada uno, el tejo como 50 000 dólares y otros 50 000 la pulida. En total, todo el telescopio salió, si mal no recuerdo, como en 300 000 dólares.

El diseño del telescopio lo acabé en 1973 y la fabricación empezó en 1974. El último pago a L&F por 15 000 dólares se hizo en 1976, poco antes de la primera devaluación con Echeverría, o sea que salimos de milagro porque de haber sido un mes después no le habríamos podido pagar.

Las fábricas nos entregaron el telescopio listo para pruebas en 1978. Un equipo especial del Instituto de Astronomía fue a recibirlo a la fábrica de L&F para verificar el funcionamiento del telescopio, la consola, los motores y todos los elementos técnicos. Pasó satisfactoriamente las pruebas, pero se tardó todavía un par de meses su traslado hacia la sierra de San Pedro Mártir; mientras tanto, se aprovechó el tiempo para subir la cúpula a la montaña, con el propósito de que el telescopio no se mojara en caso de lluvia o de nieve.

El telescopio se subió en cinco tráilers y el espejo en un camión especial, porque el espejo lo aluminizamos nosotros en el Instituto de Astronomía, en particular el astrónomo chileno Miguel Roth, que venía de Argentina y se había integrado al Instituto; a él le gustó mucho el trabajo en montaña y fue el encargado astronómico del proyecto.

Hubo un incidente muy interesante. En el contrato que firmamos con L&F para la construcción del telescopio, los estadounidenses dijeron que acostumbraban incluir una cláusula de buena voluntad, que implicaba que todos obraríamos de buena fe y no se trataba de fastidiar a nadie, sino de sacar el mejor telescopio posible; pero que si algo salía mal, la parte que fuera responsable del problema tendría que resolverlo, ya fuéramos nosotros o ellos. Resulta que cuando el telescopio ya estaba muy avanzado en L&F lo armaron para ver los movimientos, y una noche me habló el presidente de la empresa, Marlow Marrs, y me dijo: "Tengo un problema con el telescopio: el yugo no pasa, pega al dar vuelta en la pata norte".

Le dije que íbamos a revisar mis dibujos, pero aclaré que éstos no fueron los utilizados por la fábrica, porque en todos los casos los planos que lleva el cliente se redibujan conforme a la nomenclatura y los códigos de cada fábrica, acordes a las normas nacionales. Esto significaba que L&F había vuelto a trazar todos mis dibujos y, por lo tanto, se necesitaba revisar si coincidían.

Cuando llegué a L&F, ya habían encontrado la diferencia. Resulta que el codo del yugo lo realizaron con una brida que yo *no* diseñé de esa forma, y ésta pegaba con la pata norte. Ellos aceptaron de buena fe que eran los responsables de esta situación. Como gente honesta lo reconocieron. La solución que propusieron no me gustó porque todo mundo iba a pensar que la culpa era mía.

Ya en el hotel estuve pensando y dibujando y, ¡zas!, que se me prende el foco. Encontré una forma de cambiar la posición de las piezas, haciendo un poco más largo el eje de la parte de arriba del yugo. Para conservar los parámetros, diseñé unos aumentos para agrandar horizontalmente el espacio entre patas, y luego para subir la pata norte a fin de que diera exactamente los 31° y los centímetros que debía tener el eje. Era una solución menos costosa que repetir la mayor parte del yugo, y además no se notaría. Ellos aceptaron porque representaba simplemente comprar un trozo de placa, maquinarla, darle el espesor preciso, practicarle las perforaciones y colocarla; eso en el costo del instrumento era cuando mucho 2%, lo que les fascinó.

Quedé muy contento. Fue uno de esos momentos de inspiración en el que encontré la solución perfecta en el sentido estético, sin comprometer mecánicamente nada. Así se hizo y ahí está el telescopio funcionando desde que se estrenó, el 17 de septiembre de 1979, o sea que ya tiene 42 años trabajando.

El equipo de trabajo

Como en el Instituto no había un área de ingeniería, yo diseñé todo el telescopio; lo dibujé y lo concebí, armé una maqueta a escala rigurosa, porque en la década de 1970 no había computadoras personales, ni Autocad, ni nada de eso. En contraste, L&F contrató a un ingeniero de diseño mecánico, a un ingeniero de diseño estructural y a un especialista en cálculo, quien consiguió tiempo en la computadora de la universidad para realizar todos los cálculos, revisarlos y comprobarlos; vi trabajar a esos tres tipos una semana de nueve de la mañana a cinco de la tarde para sacar una sábana de cinco metros en la computadora, en la que venía todo el dibujo de elemento finito de las piezas, que es un método técnico para determinar la resistencia, las deformaciones... Todo eso es bien complejo. Es un método que sirve para calcular todas las estructuras, pero que requiere una computadora poderosa para lograrlo en un tiempo finito.

En materia de electrónica, todo se hizo en México, diseñado básicamente por José Warman y apoyado electrónicamente por Elfego Ruiz, quien se graduó con el diseño total de la consola, tanto de una portátil para llevarla a la fábrica y probar el telescopio, como de la definitiva, con un mueble muy bonito que se montó en el telescopio.

En la parte técnico-administrativa, Enrique Daltabuit fue el eje principal porque él sabía lo suficiente de astronomía y de construcción para poder operar todo el sistema administrativo de pagos y facturas.

Por mi parte, contraté para que me ayudaran en el montaje a Roberto Reséndiz, recién titulado de ingeniero mecánico, como dibujante (era hermano del doctor Daniel Reséndiz, que estuvo en el Instituto de Ingeniería y después fue subsecretario de educación superior en la SEP); a Ignacio Rizo, un ingeniero que trabajó en el Instituto de Astronomía desde que se empezaron a hacer ahí las láseres, y un par de mecánicos del propio Instituto, cuyos nombres no recuerdo ahora. Ése fue el equipo de trabajo. Aparte, en el Centro de Instrumentos diseñaron las fuentes de poder para alimentar la consola.

Respecto al proyecto arquitectónico, básicamente fue la Dirección General de Obras de la UNAM a cargo de Francisco Montellano, quien antes estuvo en la ICA.

En ese gran proyecto, también José Alonso trabajó activamente y fue una pieza importante, una persona con la que da gusto trabajar. Él era sobrino de Gustavo Alonso, un íntimo amigo mío afecto a la fotografía con quien iba a nadar y bucear a Las Estacas. José Alonso se encargó un tiempo de la Subdirección Técnica del proyecto del Observatorio de San Pedro Mártir, y trabajaba en la parte administrativa y de operación, muy en contacto con el ingeniero Antonio Frade, el responsable de la administración.

Luego para todo el montaje, contraté a Jesús Ángeles Tovar, quien fue antes mi montador de torres y antenas de radio y de televisión. Él era un hombre rústico, un tipo de obrero venido a capataz de un grupo de salvajes —eso eran los montadores—, mal hablado como él solo. Se necesita ser un tipo rudo para cargar viguetas, apretar tornillos y andar equilibrándose allá arriba en el montaje de las torres, como la antena del Canal 2, de 100 metros de altura. Yo planeaba los montajes y él y su equipo los llevaban a cabo; luego aprendieron a base de práctica y experiencia (quizá no sabían aritmética básica, pero solucionaban estupendamente los problemas en el campo). Así que a Jesús Ángeles me lo llevé para montar la cúpula y subir las piezas del telescopio.

Otro ayudante mío, muy querido, fue Luis Segovia, quien era montador junto con Jesús Ángeles allá por 1956. Luis llegó un día a mi oficina de director técnico de Telesistema Mexicano, y dijo que quería trabajar conmigo, porque no se entendía con Ángeles. Lo contraté y estuvo trabajando hasta que me fui a Campos Hermanos; al poco tiempo se fue también para allá porque trabajábamos muy a gusto; en serio lo aprecio.

El estilo de Jesús Ángeles

Una anécdota de Jesús Ángeles revela su estilo. Le pedí a él el presupuesto para el montaje de la cúpula allá arriba, en la sierra de San Pedro Mártir. Como está cerca de la frontera, quería comprar algunos equipos y que le ayudara a pasarlos. Hizo un presupuesto por montar la cúpula y subir por dos o tres meses; tenía que mandar las plumas, los malacates, la gasolina, en fin, todo su equipo en tres o cuatro camiones cargados.

Otro día agregó que deseaba adquirir también una grúa de 80 toneladas, y que si le ayudaba a pasarla. Fui a San Diego, y el modelo que quería
costaba 700 000 dólares. De regreso le comuniqué el costo y hablamos
por teléfono a San Diego. Nos preguntaron cómo la íbamos a pagar.
"Pues al contado". Los gringos se quedaron mudos. ¡Nunca habían oído
que alguien comprara una grúa de contado!

Ángeles sacó un rollote de dólares, mandamos el giro por 800 000
dólares y él se fue por la grúa con sus hijos y se la trajeron manejando. Era
una de las más grandes, con la pluma grande. Jesús Ángeles llegó a tener
tres o cuatro de ese tamaño.

Cuando le mostré el presupuesto de Ángeles a don Arcadio —alrededor de 150 000 pesos—, dijo: "¿No querrá Jesús hacernos una rebaji-
ta?". Le respondí que lo iba a citar para que lo comentaran. Jesús vino
con su sombrerote de paja. Luego de presentarlos y de comentar de qué
se trataba el proyecto, el doctor Poveda le dijo: "Queríamos ver si usted
nos podría hacer una pequeña rebaja".

Muy serio, Jesús contestó: "Mire usted, doctor, si quiere no le cobro
nada porque es un trabajo que me gusta hacer, págueme nada más lo que
usted quiera". Poveda se quedó sorprendido, y pasado el momento de
estupor dijo: "No, bueno, es que nosotros queríamos…". "No, yo no
estoy cobrando de más, le estoy cobrando lo justo, pero si a usted no le
parece, pues no le cobro nada". Ante eso, Poveda no tuvo más remedio
que aceptar el presupuesto: "No, de ninguna manera. Le pagamos lo que
nos pide".

Lo que dijo Jesús era cierto, pues ya se había bajado hasta donde
podía, porque le había dicho que aquí no se trataba de ganar dinero sino
de dar un servicio a la Universidad. Para compensarlo, le ofrecí pasar en
la frontera lo que quisiera y que eso fuera su utilidad. Efectivamente, él
quiso cuatro soldadoras muy buenas y una caja de herramienta completísima. Es de esa gente honesta, de la que quiere trabajar y no está viendo
si saca un peso de más. Gran hombre Jesús Ángeles, lo quiero mucho.

La inauguración del telescopio, una fiesta

Antes de la inauguración, estuve practicando diversas pruebas al telescopio, empezando por las de Ronchi y Foucault, cuyo objeto es aparear
el espejo secundario con el primario. Además, el secundario estaba sin

aluminizar, pero eso a mí no me preocupaba porque lo más importante era observar estrellas brillantes para checar la calidad de la superficie. Así que acabamos allá arriba este espejo, que es un f/8 como de 40 cm de diámetro y de 20 kg, peso máximo que se puede manejar a mano, pues un espejo mayor necesita un malacate y más elementos de ayuda.

Norman Cole fue a terminar el telescopio a la montaña. Subió con su camioneta, en la que llevó una tornamesa para montar el espejo en el telescopio y tallarlo. Durante dos o tres noches estuvimos trabajando duro para subirlo, montarlo, instalarlo, orientarlo, centrarlo y alinearlo, así como para analizar las pruebas. En esto soy buenísimo porque las había hecho desde los 12 años, de modo que sabía muy bien cómo interpretar las pruebas, que son subjetivas hasta cierto punto.

En fin, se bajaba el espejo y se montaba en el tornamesa, girando para corregir los defectos en toda la curva simétrica con respecto al eje, a fin de tallar con el pulidor lo que le sobraba y volverlo a montar. Esta labor resultaba muy cansada porque había que hacer circo para subir al secundario, que está en la parte de arriba del telescopio. Yo era el cirquero. Total, resolvimos que quedó terminado cuando llegamos a un límite más allá del cual no convenía seguir rebajando; lo dejamos con una excelente curva.

Después, ya próximos a la inauguración, aluminizamos el espejo secundario en la cámara de aluminizar del Instituto de Física en México y lo llevamos a la Sierra, donde se montó. Estábamos listos para la inauguración.

Cuando se estrenó el telescopio se organizó una gran fiesta desde la mañana en el área habitacional de la montaña, que está como a tres kilómetros de la zona de los telescopios para evitar contaminación. Subieron tal vez 150 personas, desde el gobernador de Baja California hasta el rector de la UNAM, el doctor Guillermo Soberón, y todas las altas personalidades de la Universidad, así como 25 invitados de diferentes partes del mundo, incluidos astrónomos de observatorios como Kit Peak, Monte Palomar, Monte Wilson y otros de Europa.

Entre los invitados estuvo incluso Guillermo Haro, quien poco antes había convocado a un grupo del Instituto de Astronomía para irse con él al INAOE, dejando sólo a Arcadio Poveda; eso le cayó muy mal a Arcadio porque fue una operación por debajo del agua en la que de repente le fueron a decir que ya se iban.

La fiesta empezó desde las 11 de la mañana y duró todo el día. Anduve muy ocupado verificando que todo funcionara bien. Por la tarde la mitad de los invitados se bajaron del observatorio y nos quedamos un grupo de 20 personas, ansiosos de ver en el telescopio. Para las ocho de la noche había preparado un programa de observación. El telescopio ya estaba programado automáticamente desde la consola. Estábamos en la frontera de la tecnología y sin computadoras, sólo con circuitos discretos.

Aunque yo eché a andar el telescopio, el primero en observar fue el doctor Arcadio Poveda. Cuando me tocó el turno, miré una estrella doble muy bonita, verde y azul (Albireo), dos estrellas pegaditas, y varios objetos más. Además, fui el primero en sacar una fotografía en el telescopio de San Pedro Mártir. Es del trapecio de Orión y está padrísima. A Poveda le encanta porque él es un estudioso de los trapecios.

Estuvimos jugando con el telescopio hasta las tres de la mañana, hora en la que lo cerramos para dormir un rato, pues debíamos bajar temprano a Ensenada para el simposio que se organizó, aprovechando la presencia de astrónomos extranjeros. A mí me tocó hablar de la parte mecánica-técnica del desarrollo del sistema.

Con eso, finalmente, se cerró un capítulo completo. De ahí en adelante sólo era cuestión de seguir operando el Observatorio Astronómico Nacional de San Pedro Mártir, con su base en Ensenada, que está en un excelente edificio dependiente del Instituto de Astronomía en México, el cual construyó la Dirección General de Obras de la UNAM para alojar los cubículos de los investigadores y astrónomos, así como una subjefatura y la jefatura de las instalaciones. Por alguna razón, José Alonso debió irse luego de dos o tres años, y en su lugar contratamos al ingeniero de obra Antonio Frade como jefe del telescopio en Ensenada, a fin de que estuviera supervisando a la gente y los trabajos para la terminación del proyecto.

Cabe tomar en cuenta que el Observatorio de San Pedro Mártir depende de un grupo de gente porque no tiene conexión con el resto del país, desde el punto de vista práctico. Allá no hay energía eléctrica, por lo que necesitábamos generarla; por eso en aquel entonces contratamos un experto en motores diésel y tuvimos que subir tres o cuatro generadores de 100 o 150 kilowatts, así como el combustible que consumen. Y también se requería establecer varios sistemas de comunicación por radio para mantener la comunicación entre la Sierra, Ensenada y México. Es una miniciudad en la punta de la montaña: San Pedro Mártir.

6 Amor precoz por los museos

Desde pequeño, don José sintió que en la vida debía cumplir un pendiente, un anhelo convertido en la necesidad de mostrar a jóvenes inquietos los cientos de prodigios que se pueden crear para mejorar la vida de la gente gracias a la ciencia y la tecnología. Eso lo motivó, luego de ser "contagiado" por su padre de la "enfermedad" de comprar en La Lagunilla objetos viejos y luego repararlos, e ir armando una gama impresionante de colecciones a cual más variadas.

Con el paso del tiempo, su casa fue convirtiéndose en un museo improvisado que abundaba en fonógrafos, radios, televisores, bulbos, cámaras, relojes, aparatos científicos diversos… Impulsado por su generosidad, comenzó a ceder parte de sus acervos al museo Universum, pero más tardaba en deshacerse de ellos que en sumar a sus colecciones nuevos hallazgos en los mercados de viejo. Esas colecciones fantásticas siguen aún en busca de un hogar permanente —el Museo del Saber Hacer— que facilite su valoración, para que todos disfrutemos de los muchos mundos en los que ha participado y gozado el ingeniero De la Herrán.

Mi deseo de participar en un museo de ciencias se incuba prácticamente en las épocas más remotas de mi niñez. Cuánto me habría gustado que existiera uno de estos fascinantes espacios en este país, especialmente en la Ciudad de México, como aquellos que conocí cuando mi papá me llevó a Estados Unidos, una de las experiencias que en cierta medida cambió mi vida.

En Filadelfia fuimos al precioso museo del Instituto Franklin, que todavía existe y recomiendo ampliamente, aunque no he vuelto a ir desde 1937. Ese espacio me dejó verdaderamente fascinado. Tenía una colección de no menos de 12 locomotoras de vapor, desde la más grande que se construyó en Estados Unidos hasta la Rocket, expuestas en orden cronológico; otra de motocicletas, desde el primer intento de añadirle motor a una bicicleta hasta la motocicleta Indian de cuatro cilindros, que era lo máximo en esa época. Había colecciones de automóviles, microscopios, relojes, radios y televisores —que por cierto aún no se producían en plan comercial y simplemente se presentaban como "lo que estaba por venir"—. Contaba con colecciones de todo lo que existía hasta ese momento, exhibido desde una perspectiva histórica.

Luego de haber conocido todo lo que hay allí, me parecía terrible que ninguno de mis amigos en la niñez y la juventud hubiera visitado un museo de ciencias. Me entristecía porque los dejaba en desventaja frente a quienes ya habían asistido a uno de ellos.

El único que algunos conocieron fue el Museo de Historia Natural del Chopo, antes de que lo destruyeran, cuando abrieron otro museo similar en Chapultepec. Exhibía una colección maravillosa de plantas mexicanas y de mariposas, de verdad impresionante, aparte de esqueletos de mamuts, de dinosaurios y demás, pero todo eso tal vez se fue a la basura, porque no está en ninguna parte. El pabellón metálico fue abandonado y hasta se usó para filmar películas de terror. Cuando lo rescató la UNAM en 1975 pudo haber hecho el Museo del Chopo en cualquier otra parte, pero sin destruir aquel museo de ciencias naturales que existía ahí. Es un pecado capital. El otro que cometieron en la Universidad fue destruir el Observatorio Astronómico de Tacubaya; tal error les debe de pesar bastante a algunos en el infierno.

Eso se me quedó como un pendiente, una necesidad, un deseo. Desde entonces, en cada viaje mi primer impulso es ir a visitar un museo, principalmente los de ciencias, como el Science and Industry Museum de Chicago, y lo mismo en Nueva York, Alemania o Francia, donde siempre existen uno o dos de este tipo. De ahí vino mi afición por coleccionar instrumentos y aparatos.

En consecuencia, a lo largo de la vida fui formando mis propias colecciones de radio, locomotoras de juguete, motores Stirling de aire caliente —ésta es mi colección más personal, porque ése fue un interés que me surgió a mí solo—, instrumentos científicos de distinto tipo, robots de diferentes tamaños y capacidades, cámaras, máquinas de coser, relojes, telescopios, microscopios, entre muchas otras.

La colección de cámaras la inició mi padre, que compraba y arreglaba todas las que encontraba en el Monte de Piedad, La Lagunilla o Tepito, por lo que lógicamente me contagió su fascinación por estos aparatos. Mi colección está integrada por unas 60 cámaras fotográficas de todas las épocas, desde las primeras que se inventaron hasta las más modernas. Pero como agregué también cámaras de cine y proyectores de vistas fijas y de cine, entonces la colección debe de sumar unas 120 piezas que cedí al museo Universum.

Además de éstas, armé una pequeña colección de cámaras de televisión, parte de la cual doné, pero como he seguido con este vicio ahora ya reuní una nueva colección de unas 50 piezas relativamente antiguas, desde cámaras fijas hasta de cine y TV; de hecho, incluye la primera cámara de televisión que pisó este país, de manera que es histórica desde varios puntos de vista.

La colección de reproductores de audio es muy completa, pues comprende desde el primer fonógrafo de Edison de cilindro hasta radios modernos. Cuando era mía, llevé una muestra como de 20 o 25 piezas al Centro Cultural Alfa, en Monterrey, y le llamamos "100 años de música en el hogar". Nada más de radiorreceptores, antes de cederlos a Universum tuve como 60 o 70 de diferente tipo —ahora deben de ser entre 20 y 25—, desde los primeros radios que hubo de galena hasta reproductores recientes. Respecto a los fonógrafos, llegué a contar con alrededor de 20, pero ahora me quedé con ocho.

En cuanto a la colección de motores Stirling, es una de las más grandes en el mundo, pues las más de 30 piezas que la componen la colocan más o menos en el décimo lugar en importancia en Estados Unidos, donde están las mejores.

Mi colección de locomotoras de vapor ya no es tan grande porque vendí la mitad de ellas en Nueva York, en Christie's. Pagué por cada una de ellas entre 100 y 200 dólares, y vendí muy bien tres de ellas como en 12 000 dólares, o sea unos 4 000 por cada una. Conservo todavía dos de esas máquinas de colección: por una me darían 2 000 dólares, y la otra, que es inglesa, es la más cara de todas porque vale aproximadamente 5 000 o 6 000 dólares; bajó de precio porque cometí la tontería de repintar la caldera, aunque el resto de la estructura no la repinté. Un día descubrí que la pintura original estaba debajo de una capa que le pusieron encima, que quité con mucho cuidado y un poco de thiner; entonces apareció la pintura antigua e inclusive el nombre de la locomotora.

Debo aclarar que no me preocupa el valor monetario de todas estas cosas; me interesan porque me gustan.

Aparte de lo que ya mencioné, debo de conservar 25 o 30 relojes de pared, que estaban en el comedor de mi casa, más 50 relojes de bolsillo, entre ellos un Illinois Sangamo especial y muy fino que era de mi papá, valuado en 5 000 dólares más o menos. Está ajustado en siete posiciones, tiene cuerda de 60 horas y sólo se atrasa o adelanta un segundo a la semana; no se puede pedir más para un reloj mecánico.

Ramón Fregoso se aficionó por mi culpa a coleccionar relojes y ahora es el poseedor del Ilinois Sangamo Especial que fuera de mi padre; ya tiene alrededor de 200 relojes de bolsillo, todos ellos hechos en Estados Unidos. No adquirimos relojes europeos, porque aunque los suizos dicen que ellos fabrican los mejores, todos los conocedores sabemos que de verdad los mejores se produjeron en Connecticut y en Illinois, pues no hay como los relojes estadounidenses; de ahí son las mejores marcas: Waltham, Elgin, entre otros.

En cuanto a instrumentos científicos, tengo una barbaridad tan sólo de los que son para medición, desde teodolitos hasta generadores eléctricos, detectores, puentes de audiofrecuencia y radiofrecuencia; aparatos portátiles de medición de tiempo; relojes de Sol angulares, relojes de Sol de bolsillo y de viaje; brújulas de todo tipo, altímetros, barómetros, planchetas, por mencionar algunos. Estas últimas son parecidas a los teodolitos, pero se colocan en una especie de restirador chiquito horizontal y cuentan con una regla que permite trazar directo y efectuar un levantamiento topográfico en el campo. No son muy precisos, pero proporcionan muy rápido no nada más los números, sino el dibujo. También hay un teodolito Zeiss finísimo.

Obviamente, tengo una colección de telescopios y otra de microscopios, aunque estos últimos los heredé de mi papá. La mitad de ellos está en Universum, donados por el señor César de la Canal, quien era un coleccionista compulsivo de microscopios; si veía uno que le gustaba, insistía hasta que se lo vendían. Mi papá no coleccionaba microscopios viejos, sino que más bien buscaba que fueran buenos, mientras que a mí me gustaban —y me siguen gustando— tanto los viejos como los buenos. En cambio, De la Canal seleccionaba por catálogo, y ésos son los que donó a Universum, que están en un mueble muy bonito de madera, encargado por el doctos Jorge Flores, creador de Universum, porque representan una colección de microscopios única en el mundo; algunos no los he visto en ninguna otra parte.

Incluso, poseo una colección como de 50 máquinas de coser, de las cuales le presté una de muestra a la doctora Julia Tagüeña, ex directora de Universum; se trata de una máquina de colecçión que en los catálogos vale como 2 000 dólares.

De libros no se diga, cuento con una gran variedad. Y ni hablar de bulbos, de los cuales he juntado no menos de 5 000; no los he contado, pero algunos de ellos son únicos en el mundo, lo sé con certeza. Esta colección de bulbos, sensacional y muy valiosa, la cedí en parte a Universum y abarca desde los grandes de 100 kilowatts, de 1.6 m de alto, hasta los chiquitos de dos centímetros; es decir, todo un muestrario que se puede disponer como en escalerita, desde el más alto hasta el más pequeño. Conservé sólo los Phillips, que son los más grandes que se fabricaron en aquella época, de 250 kW de disipación, con un filamento impresionante de 24 volts, 600 amperes; para ellos se necesitaban unos cables de dos centímetros de diámetro; la conexión del filamento se enfriaba con agua por dentro del sello del bulbo para que no se calentara éste hasta tronar el vidrio. Aprecio mucho este bulbo —un TVW100/250—, que está como nuevo porque lo usé en la XEW sólo unas 40 horas, y después lo reemplacé porque vino la remesa de bulbos de cerámica.

Finalmente, por ahí guardo un montón de medallas conmemorativas: la de los premios de fotografía científica que daba Luis Estada en el Centro Universitario de Comunicación de la Ciencia (CUCC), la del Premio Nacional de Ciencias, la de la Sociedad Astronómica de México, la del radio, unas de vidrio que están montadas en madera, en fin... Entre ellas, hay una muy bonita, de la que ya ni me acordaba, con la efigie de don Emilio Azcárraga Vidaurreta, conmemorando los 50 años de la XEW.

Alguna vez puse todo este medallerío en un mueble del comedor y le saqué una foto para mi egoteca de medallas.

Comprar de viejo, ¿costumbre, vicio o enfermedad?

Puesto que mi papá nunca ganó mucho dinero, se volvió un asiduo asistente a mercados como Tepito, porque ahí se conseguían objetos fabulosos a precios muchas veces increíbles. Desde que era chico lo acompañaba a La Lagunilla y a Tepito, donde resultaba fácil llegar. Además, allí mi padre era muy conocido porque les resolvía cualquier clase de problemas a los puesteros, entre ellos al señor Lázaro Peña, quien empezó en los años cuarenta vendiendo en la banqueta sobre un trapo, una lámpara, unos gemelos y una plancha, y luego fue aumentando su negocio hasta alquilar un local.

Lázaro Peña llegó a poseer tres almacenes llenos de artículos. Cuando murió, su hija Beatriz heredó el interés por las joyas, porque desde niña empezó a entender qué era un diamante y un zafiro; si alguien necesita un diamante o un anillo para regalo o para lo que sea, basta con hablarle a la señorita Peña para que ella lo consiga y lo lleve a domicilio; si no le gusta al cliente, busca otro porque entiende su negocio. Sobre todo, vende mucho más barato que cualquier joyería, con la garantía de que ella es una conocedora e incluso puede dar una factura. Claro, ahora viven en una casa de Las Lomas.

Desde esos tiempos me viene la costumbre, por no decir vicio, de comprar cosas viejas y arreglarlas. Solía ir casi sin falta los domingos a La Lagunilla, que para mí era lo más sencillo y donde encontraba de todo.

Alguna vez fui a otros mercados como el de El Salado, que abre los miércoles, a donde me invitó Ramón Fregoso porque yo ni sabía que existía. Estando allá me dijo: "¿Ya viste los microscopios? Échales una mirada, están allá arriba en aquel montón de tierra". Fui y encontré dos microscopios metalográficos de investigación en perfecto estado. Me parecieron muy interesantes. La dueña me informó que cada uno valía 2 000 pesos. Como le dije que estaban muy caros y vio que ya me iba, me dejó los dos microscopios en 2 000 pesos. Valen en realidad unos 40 000, así que no estuvo nada mal la compra.

Llegué a la casa y los limpié, pero no me costó trabajo porque estaban nuevos. Eso sí, quién sabe de qué laboratorio habrán salido. Le pasé uno a Ramón y me quedé con el otro, un microscopio metalográfico de cuatro objetivos con iluminación y funcionamiento perfecto.

En La Lagunilla he comprado desde fonógrafos de Edison en un estado lamentable, sin mueble, con los puros fierros —que logré armar y componer—, hasta uno nuevecito, en perfectas condiciones, en un mueble inglés y con 24 discos Edison adentro, por la módica cantidad de 1 100 pesos. De los 24 discos, que son muy gruesos, grabados por ambos lados y con una antigüedad de 100 años, 20 son de la soprano italiana Claudia Muzio, con una voz preciosa, a la que no conocía; me recordó mucho a María Luisa Rangel —de quien hablaré más adelante— porque su timbre de voz era muy parecido.

Alrededor del 70% de las colecciones que he armado a lo largo de mi vida proviene de La Lagunilla y de Tepito; el resto, de otros mercados similares, porque cuando salgo de viaje a alguna ciudad donde sé que hay un chacharerío, no me lo pierdo. Por ejemplo, si voy París compro algo en el Mercado de las Pulgas. En cualquier ciudad de Estados Unidos se ponen tres o cuatro sitios de éstos el sábado y domingo, donde pueden comprarse artefactos buenísimos. Calculo que he comprado más de 5 000 aparatos.

Estando en Tucson, Arizona, en 1983 entré a un curso por correspondencia de robótica industrial, que implicaba armar un robot; allí daban todas las partes y un par de cuadernos a los que se les iban metiendo las páginas que enviaban, hasta sumar veintitantos capítulos. Al final del curso armé mi robot, que costaba 2 000 dólares, y recibí mi diploma del curso. Al robot lo llamé *Pascal* y con él estuve dando conferencias en radio y televisión, además de valerme de él para mostrar a los chicos cómo programar un robot para seguir toda una secuencia, repitiéndola cuantas veces se desee.

Resulta que allá en Tucson fui un domingo con Antonio Sánchez Ibarra —quien ganó el Premio Nacional de Divulgación de la Ciencia que otorga la Sociedad Mexicana para la Divulgación de la Ciencia y la Técnica (Somedicyt)— a uno de estos mercados que se emplazaban allí, y cuando ya casi nos íbamos encontré entre los puestos un robot idéntico al mío. El marchante me dijo que costaba 20 dólares. Pagué, cogí el robot y salí volado al coche para guardarlo en la cajuela, antes de que el vendedor me dijera que se había confundido y que en lugar de 20 valía 200 dólares, pues pensé que eso era lo que me iba a pedir. Si me hubiera pedido 200, le habría ofrecido 100, pero como pidió 20 me dio hasta vergüenza ofrecerle 15, pues a lo mejor se enojaba y ya no querría venderme su robot, por eso ya ni le moví. En realidad, ese modelo cuesta como 1 100 dólares; aunque no tuviera las "tripas", el precio de las puras ruedas y los motores es superior a los 20 dólares, más lo que vale el cuerpo de plástico.

Cuando nos bajamos del auto, saqué el desarmador, abrí la puerta de atrás del robot y tenía todo, menos las baterías; así que fuimos a comprar un par de ellas de seis volts a un súper donde hay de todo, se las coloqué y el robot dijo inmediatamente *"ready"*, porque eso es lo que dice cuando está todo en orden. "Ya la hice", me dije, y le puse *Pánfilo*. Sólo presentaba un defecto en el cuello, porque supuse que lo habían armado mal. Y si no gira el cuello, todo lo demás no funciona porque eso forma parte de la secuencia de prueba; debe girar el cuello para un lado, luego para el otro y al final la cabeza debe quedar apuntando al frente, a fin de que se accionen los sensores de ruido y de luz. En fin, el problema del cuello era lo de menos.

Después, ya en México me puse a revisar con calma a *Pánfilo*, consulté los instructivos, lo comparé con *Pascal* y lo desarmé; vi que se trataba de una falla mecánica muy sencilla. Bastó con reproducir una piececita, montarla y armarlo de nuevo. Con eso *Pánfilo* quedó listo, y ahí está "jalando".

Para mí fue una compra importante, al igual que la de los excelentes microscopios que conseguí en El Salado. Quizá otras personas dirían que qué les importa un robot o un microscopio, pero a mí estas cuestiones son las que me interesan.

De hecho, normalmente cada semana compraba un aparato porque, como ya me conocen y saben qué cosas me interesan, había veces que en plan de cuates, no de negocios, adquirían algo pensando en mí.

Por ejemplo, hace algún tiempo me ofrecieron una cámara Canon para fotografiar las láminas de rayos X y formar un archivo; como es una cámara fotográfica grande, para radiografías, mide como 40 cm de ancho, el rollo es de 6 × 6 y su lente de 9 cm de diámetro permite enfocar al infinito muy bien. Hasta incluye motor. La compré en 500 pesos, pero si alguien me pregunta para qué la quiero, le respondería que no tengo la menor idea, pues no la necesito absolutamente para nada.

Otro día, en la época en que trabajaba en Televicentro, iba manejando mi precioso Lincoln Continental que le había comprado a don Emilio Azcárraga Vidaurreta y pasé por Fray Servando Teresa de Mier. En aquellos años existían en esa avenida varios depósitos de fierros viejos con todo tipo de chatarra y cachos de maquinaria. De pronto, vi un gran zaguán del otro lado de la avenida y sentí curiosidad por ver que había.

Estacioné el coche, atravesé la calle, entré al depósito y vi la oficina de un judío —porque muchos de estos negocios los manejaban los judíos—; pero al mismo tiempo, miré a la izquierda y como a 20 metros de distancia distinguí tres motores de aire caliente de más de un metro de alto.

Para no demostrar mi interés, primero anduve mirando por ahí y sólo después de un rato le dije al dueño: "Ando buscando unos volantes que necesito para unas poleas que estoy haciendo". Los motores que vi tenían exactamente dos volantes, uno de cada lado. Me dijo: "Pues lo que usted ve es todo lo que tengo". Señalé los motores: "Algo como éstos. ¿Qué son estas cosas?" Respondió que no sabía, pero que parecían bombas.

A fin de despistar y que no se notara mi interés, le pregunté: "¿Puede venderme los volantes sueltos?" Me contestó: "No, si los quiere llévese usted todo y me paga lo que pese; el kilo es a 35 centavos". Fingí estar en desacuerdo: "¿Y voy a pagar todo eso nada más por esos volantes?

Bueno, ni modo, me los llevo, a ver qué hago con el resto de los fierros. Yo creo que le quitaré los volantes y al rato le traigo lo demás", le dije.

Como los motores pesan 150 kilos cada uno, hablé por teléfono con Adrián Breña y le pedí: "Urge que te vengas para acá con tu pick-up. ¡Acabo de encontrar un tesoro!". Ya no fui en ese momento a Televicentro, sino enfilamos a la planta de W en San Felipe, por Ixtapalapa, donde vivíamos mi padre y yo. Ahí los descargamos y me fui a Televicentro a atender los asuntos pendientes.

El domingo siguiente estuve echándoles mecánica; desarmé uno de los motores, lo limpié, lo aceité y lo rearmé. Comenzó a funcionar en cuanto le instalé una lámpara de gasolina. El segundo tardé en echarlo a andar y al tercero le faltaban los volantes, por lo que sólo muchos años después lo restauré, cuando trabajaba ya en el entonces Centro de Instrumentos de la UNAM. Como unos amigos de Roberto Reséndiz (mi segundo de abordo) tenían una fundición, saqué los volantes de uno de los otros dos modelos para copiarlos y fundir los que faltaban. Ese tercer motor trabaja perfectamente y lo doné al museo Universum.

Tiempo después, en Inglaterra fui a visitar a Jonathan Mills, director del Museo Brighton and Hove, por su colección de motores Stirling. Le dije que necesitaba ver su colección de motores de aire caliente y le mostré el álbum con fotografías de mi colección. Él lo estuvo hojeando y de pronto señaló: "Oiga, este motor no lo tengo". Se trataba precisamente de un modelo del cual, le comenté, yo había adquirido tres ejemplares franceses: uno sin aplicación, otro para uso dental y el otro para un tocadiscos.

Fascinado con ese motor, me llevó a mostrarme la colección que exhibía en su museo.

El museo Brighton and Hove

A fines del siglo XIX, en varias partes de Europa donde había agua suficiente se perforaban pozos para extraer el líquido con enormes bombas impulsadas por vapor a fin de surtir de agua a las ciudades vecinas. Por ejemplo, existía una planta de bombeo en Brighton que suministraba agua a toda esta región y mediante una tubería llegaba a Londres del lado del Támesis.

Desde antes de la guerra, esas plantas de bombeo se abandonaron cuando fueron sustituidas por motores eléctricos que contaban con una caldera gigantesca y un poderoso motor de 1500 revoluciones o de 100 caballos de fuerza.

Un buen día, a Jonathan Mills, un entusiasta coleccionista y restaurador de toda clase de maquinaria en Brighton, Inglaterra, se le ocurrió fundar un museo cuando vio un gigantesco edificio de bombeo abandonado, de 50 metros de ancho por 100 de largo y muy alto; era una construcción de piedra pero con el techo en muy mal estado por la segunda Guerra Mundial.

Rentó el edificio al departamento central de la región, lo restauró y lo convirtió en el museo Brighton and Hove, ¡un precioso museo de tecnología!

En ese museo vi un motor inglés que me interesó muchísimo, pues me pareció de una calidad excelente con sólo verlo. Cuando te conviertes en experto, ya sabes cuáles son los buenos y los malos. Le dije: "Qué interesante motor, me gustaría verlo más de cerca". Jonathan Mills lo sacó, le puso alcohol y lo echó a andar. Al advertir mi interés, me propuso: "Puesto que yo tengo dos motores de ésos y usted tres como el que me gustó, ¿qué tal si acordamos un intercambio?"

La propuesta me pareció excelente, pero le pregunté si deseaba algún dinero adicional. No pude obtener mejor respuesta: "Si usted quiere vamos a la par. Así ambos enriquecemos nuestras respectivas colecciones". El trato estaba cerrado y sólo faltaban los detalles.

Le ofrecí que cuando yo llegara a México le iba a embarcar el motor en una caja para enviárselo, y que al recibirlo me lo mandara de la misma manera. Para mi sorpresa, dijo: "No, señor, de ninguna manera. Lléveselo y después me manda el suyo". Pensé que era una persona educada y que no había estado nunca en México, pues no sabía cómo nos las gastamos en ciertos países.

En el viaje a casa, venía con mi motor como si fuera el tesoro de Moctezuma; tanto, que no me atreví a ponerlo en una caja ni en una maleta. Todos me preguntaban que traía yo ahí. Lo bueno es que en esa época a nadie se le ocurría pensar en un atentado con bomba en un avión.

Para enviarle mi motor a Jonathan Mills, conseguí que un hermano de mi esposa Monique, en un viaje a Francia, se lo llevara a quien me había vendido uno de los motores franceses y me había recomendado ir al museo Brighton and Hove, a fin de que éste, a su vez, se lo entregara al señor Mills cuando fuera a Londres. Luego de tres o cuatro meses, finalmente le llegó al director del museo mi famoso motor de aire caliente. Yo me quedé con dos iguales, uno estuvo en exposición y el otro lo guardo en la casa.

Por otra parte, como remate de la historia, formo parte de un grupo de entusiastas coleccionistas de motores de aire caliente que nos carteamos, nos avisamos cuando encontramos libros sobre el tema y nos mantenemos al día sobre todo lo que sale en torno a estas colecciones. Mi amigo Olaf Bremer me mandaba desde Seatlle publicidad de los coleccionistas, que a su vez son restauradores y, al mismo tiempo, en ocasiones, inventores o fabricantes de motores Stirling, con la idea de venderlos dentro de la comunidad de aficionados.

Por ejemplo, uno de los folletos que me mandó promovía un motor de aire frío, precioso. Tiene abajo un depósito con hielo; luego de cerrarlo, esperas un minuto a que comience a operar con la diferencia entre la temperatura ambiente y la del hielo, o sea, funciona perfectamente con una diferencia de temperatura de 20 °C.

Aunque he participado poco en las actividades de estos amigos, ya me habían invitado varias veces a sus reuniones internacionales. Pero una vez decidí no quedarme con las ganas y asistir a la siguiente reunión internacional, que iba a celebrarse en julio en un pueblito en Estados Unidos cerca de la frontera con Canadá.

Avisé a mis amigos que allá nos veríamos y me dijeron: "Por favor no olvide usted traer fotos de su motor grandote, que es famoso porque nadie tiene uno igual". Pensé que aún me quedaban dos de ellos, luego de haberle donado uno al museo: ¿Para qué quiero dos? Y decidí vender uno.

Entonces, tomé fotos y grabé un video de los motores funcionando para que se viera que estaban en buenas condiciones, y ahí voy a la reunión anual. Pusieron la bandera de México, aunque yo era el único mexicano, junto con las de Australia, Canadá y Estados Unidos, además de celebrar una ceremonia en la que tocaron los himnos de los países representados por gente que participó en la exposición. Ahí se exhibieron por lo menos 1 500 motores de aire caliente de todos los tamaños, desde pequeños hasta grandes.

Cuando me encontré a Olaf Bremer, el amigo con el que más me he carteado y que ya estaba muy viejito, le pregunté: "¿Cree que pueda vender este motor?". "Claro que sí —respondió—, aquí hay una sección de compraventa, venga lo acompaño. Tráigase los datos". Como no sabía de precios, le pregunté a Olaf cuánto debía pedir. Comenté que estaba pensando que mi equipo valía 1 500 dólares, pero me aconsejó que no lo vendiera en menos de 7 000, así que pedí 7 500.

Con unos posters bonitos que mi hermana Esther diseñó en la computadora y el video que grabé del motor, instalé mi estand. Eso sucedió un jueves, y para el viernes ya había vendido el motor. Lo compró Lowell Wagner, un coleccionista que vive cerca del Paso, Texas, en Las Cruces. Nos hicimos muy amigos.

Así que él se quedó con uno de los motores Stirling que compré a 35 centavos el kilo y, como cada uno pesaba 150 kilos, por el que pagué en total 50 pesos. Con eso me salió el viaje y me compré dos o tres motores que yo no tenía. Sería bonito cerrar muchas operaciones tan lucrativas como ésta, y se pueden lograrlo pero se necesita suerte.

El siguiente año también decidí ir al encuentro internacional de coleccionistas de motores Stirling, y ahí se presentó Lowell Wagner, con el motor que me compró; lo montó en su camioneta gigante llena de motores, en la que colocó al centro el que fue mío y otros chiquitos alrededor. ¡Causó sensación ese famoso motor!

Hay muchos mundos de los que he participado y los gocé como no imaginan, además de haber contribuido con algo de provecho porque restauré artefactos que de otra manera habrían terminado fundidos en el horno, por ejemplo esos tres motores que compré como chatarra; ahora uno está en el museo Universum, otro lo compró a muy buen precio el coleccionista Lowell Wagner y el tercero aún lo conservo.

Creo que un día me voy a aburrir de este último y también lo venderé, pues alguna vez debo aligerar el equipaje ya que no me los puedo llevar a la tumba; más vale sacarles algo de provecho en vida o dejárselos a mis hijos, luego de advertirles que no vayan a mal venderlos.

El libro enterrado en la bodega

Comprar en La Lagunilla puede convertirse en una enfermedad grave y muy contagiosa. Pertenezco a un grupo de amigos, todos ellos aquejados por este mal. Por ejemplo, el de Ramón Fregoso es un caso de contagio que casi termina en divorcio. Esto se debe a que quienes padecemos este mal compramos cosas que a nuestras señoras no les interesan, en lugar de que aprovecharan y nos dijeran: "Si quieres tú te compras un relojito, pero a mí me compras un anillito". Claro que ninguno de estos dos objetos sirve para nada.

Un domingo me invitó un grupo de estos "enfermos" a visitar a Jesús Estrada, un coleccionista de radios al que no conocía. Luego de perdernos como tres cuartos de hora por el Periférico, una vía donde nunca se puede dar vuelta a la izquierda, llegamos a la casa de este señor.

Él tiene unos 200 radios de diferentes épocas, pero no me parecieron valiosos porque a mí me interesan sobre todo los que, desde el punto de vista técnico, representen históricamente un cambio o una cualidad determinada. Don Jesús celebraba una especie de fiesta, y uno de los motivos era que acababa de comprar un fonógrafo de Edison a un coleccionista, el señor Cevallos.

En este ámbito existe todo un mundo de posibilidades para los coleccionistas, aunque mientras en Estados Unidos hay un coleccionista por cada 10 000 personas, en comparación aquí en la Ciudad de México, donde somos 20 millones, apenas sumamos tres docenas de aficionados.

El caso es que el señor Cevallos le había vendido a Jesús Estrada este aparato, al que consideraba importante en su colección —seguramente tenía otro igual porque de lo contrario no lo habría vendido—. Y don Jesús nos dio una pequeña conferencia sobre Edison —se ve que realmente era un apasionado admirador del inventor—, durante la cual nos explicó toda la historia del fonógrafo.

A la hora de la taquiza, dijo Jesús Estrada: "Antes de esto, les quiero leer algo interesante aprovechando que está aquí el ingeniero De la Herrán —quien ha trazado una trayectoria muy importante en la radiodifusión mexicana—, referente a su papá, uno de los pioneros de la radio como se relata en un capítulo de este libro".

En el volumen que sostenía en las manos comenzó a leer la historia de mi padre, bastante clara, donde refería sus estudios totalmente irregulares en Estados Unidos, en la biblioteca pública —la cual él decía que fue su universidad—, y luego cómo se acercó para aprender la tecnología de la radiodifusión, que estaba naciendo en 1922. Leyó unas dos páginas que incluían datos que ni siquiera yo recordaba. Me quedé maravillado porque no conocía ese libro ni sabía que se había editado.

Al terminar, comenté que lo que acababa de leer don Jesús acerca de mi papá estaba muy cerca de la realidad y me parecía muy interesante, pues él había sido un protagonista en el medio después de los años veinte. Pero lo que me llamaba más la atención y lo terminé afirmando, es que yo no conociera ese libro, a pesar de haber andado en la radio un buen número de años.

Luego me acerqué a don Jesús para preguntarle quién había escrito ese libro y al tratar de verlo sentí como que el dueño no deseaba soltarlo y ya no quise insistir.

Entre los presentes en esta reunión se encontraba una señora morena llamada Josefina, recién casada con Norman, un estadounidense bastante rubio, casi albino, quienes formaban una pareja simpática que se llevaba muy bien. Los conocía porque eran amistades de mi amigo Pedro Corsi, que iba con alguna frecuencia a La Lagunilla.

Esta pareja comentó que dos semanas antes en La Lagunilla, a la señora Josefina le habían robado la bolsa, muy fina por cierto, como puntualizó Norman, y que por eso había salido corriendo a su casa por su esposo para cancelar las tarjetas de crédito; y en esas andaba cuando le hablaron por teléfono para decirle que ya habían recuperado todos sus papeles, no así la bolsa. Quién sabe cómo le hicieron quienes ponen los puestos para rescatar los papeles, sobre todo de los clientes que conocen, porque, claro, no querían que se desprestigiara el lugar para que no dejáramos de ir.

Cuando vi que pronto se acabaría la fiesta, me despedí antes que los demás porque debía llegar a mi casa a buena hora. En ese momento la señora Josefina me dijo que había notado mi interés en aquel libro: "Sé que fue editado por la Secretaría de Comunicaciones y Transportes (SCT), pero que no se distribuyó".

Comenté que todos conocemos historias de libros de los que se imprimen 5 000 ejemplares, pero sólo se reparten 100 y dejan 4 900 en una bodega durante 40 años. Imaginé que ése era el caso. Para mi entusiasmo, la señora Josefina agregó: "Yo se lo puedo conseguir porque trabajo en la Secretaría de Comunicaciones".

Efectivamente, al domingo siguiente, me envió el libro por medio de mi amigo Pedro Corsi. Se trata de un volumen escrito por Gloria X, o sea, una señora totalmente desconocida que jamás estuvo en el radio, aunque no lo podría asegurar.

Lo leí y me di cuenta de que era una publicación con muchas omisiones, con algunos aspectos tergiversados y con un punto de vista sesgado para reducir la importancia y el prestigio del señor Azcárraga como fundador de la XEW y creador de la radiodifusión mexicana de calidad. Eso no me extrañó porque estaba publicado por el gobierno y no era raro que le quitaran méritos a don Emilio, por haber sido muy duro con la gente de la Secretaría y haberlos tratado con el desprecio que tal vez se merecían, aunque no les gustara. Él no tenía pelos en la lengua para decir lo que pensaba de ellos, y eso le generó discordia con la institución.

El libro está más o menos en términos generales aunque en televisión esté fatal, pero en radio expone bastante bien los principios y la información precisa sobre en qué año la Secretaría de Comunicaciones y Transportes otorgaba el permiso a cada concesionario.

Tiempo después pregunté por ese libro al licenciado Manuel Rosales, que trabaja en la SCT. Según me explicó, "de ese libro se iban a imprimir originalmente 5 000 ejemplares, pero al final el tiraje se redujo a 2 000 porque estaba lleno de imprecisiones. Algún funcionario importante de la Secretaría decidió que ésta no podía publicarlo así, pero como ya se había iniciado la impresión, los ejemplares impresos se mandaron a la bodega y la obra no se dio a conocer".

Rosales agregó que este libro formaba parte de una serie de diez títulos sobre la historia de la aviación, de los ferrocarriles, y un gran etcétera, que abarcaba comunicaciones y transportes. Me gustaría conseguir los diez tomos porque, mal que bien, es mejor que nada sobre este tema.

El Universum de los museos

Para mí, la importancia de un museo de ciencias es que permite mostrar a los jóvenes los cientos de productos impresionantes que se pueden crear, y cómo éstos han mejorado la calidad de vida de la gente, colaborando con otros avances para incrementar su valor. Me refiero a los jóvenes que mantienen su entusiasmo y cuyos padres no les han quitado todo el lustre que trae cada persona cuando nace.

Pienso, por ejemplo, en la colección de motocicletas del Franklin que me fascinó. Ahí vi cómo un señor imaginó que podía moverse más rápidamente si le añadía un motor a una bicicleta, lo que ya era un problema, y luego cómo colocarle un motor cada vez más grande.

En los viajes que emprendí a Estados Unidos noté que muchos de los hijos de mis amigos de ese país compraban carcachas en 45 dólares, todas amoladas, y las arreglaban, les compraban ruedas nuevas, les cambiaban piezas, las pintaban y acababan con un superautomóvil. Cuando les pregunté de dónde vino esta afición, varios respondieron que se animaron porque en un museo vieron cómo eran los automóviles por dentro. Ellos estaban aprendiendo mecánica automotriz. Lo mismo se aplica a cuestiones de electricidad o de óptica. No hay nada como ver las piezas en un museo, pues ni la televisión sirve bien para eso.

Es necesario aclarar que en un automóvil de antes, los componentes, el motor y las partes estaban a la vista, se veía por ejemplo dónde empezaba y dónde acababa la caja de velocidades; en cambio, en uno nuevo únicamente se ve una maraña incomprensible porque todo está concentrado; es de una pieza metida en fundas y ya no se aprecia nada.

Me parece que se aprende más en los museos o viendo a la gente trabajar sobre los objetos porque resulta excitante la sensación de que es accesible lo que ves, por un lado, y cómo se puede por el otro interactuar con la pieza, el aparato o lo que sea.

Mi interés en los museos de ciencias ha sido muy grande. Cada vez que se puede hablo del asunto, y siempre que surge un proyecto para fundar un museo en la UNAM o donde sea, ahí he estado presente desde el primer instante porque saben que soy un entusiasta de estos espacios.

Por ejemplo, en los años sesenta me llamaron cuando se iba a crear el Museo Tecnológico de la Comisión Federal de Electricidad (CFE), porque sabían de mis "contactos" en la industria de la electricidad. En un principio formé parte del grupo, pero después me separé porque, a diferencia de la actitud que adoptamos en la UNAM, allá prevalecía más el interés de acondicionar un lugar de ornato donde la CFE se luciera ofreciendo banquetes, en vez de integrar un verdadero museo; me daba la impresión de que sólo de pasada buscaban que fueran a visitarlo los niños. Ese museo podía haber sido diez veces más grande o con esos recursos crearse 10 o 20 museos en toda la República, en cada ciudad importante del país, aunque fueran chiquitos, porque el negocio de la CFE es muy importante.

Creo que Universum es un excelente museo y desde que se inauguró ha despertado el deseo de que haya muchos otros en la República Mexicana. En distintas partes se preguntaban por qué si la UNAM tenía un museo de ciencias no podían desarrollar uno en Xalapa, en León o en donde sea. El entusiasmo científico se contagia.

Algo parecido pasó antes con los planetarios. Existían dos de ellos, el Luis Enrique Erro del Politécnico y el de la Sociedad Astronómica de México, que es un planetario particular no muy abierto al público y muy chiquito. Cada vez que había un eclipse, por ejemplo el que ocurrió por San Luis Potosí, íbamos a convencer al gobernador de que debía construir un planetario. Aprovechábamos cualquier evento astronómico importante para que aumentara el interés político en desarrollarlos, el cual se combina con la idea de que un museo representa un excelente espacio.

Así fue creciendo el número de planetarios. Aunque ha faltado que las entidades que los manejan realmente los promuevan al máximo y con eficiencia, pero ésos ya son problemas políticos; si no existieran sería peor. Como cuando entré al Instituto de Astronomía de la UNAM para incorporarme al proyecto del Observatorio Astronómico de San Pedro Mártir, se me ocurrió que también podíamos instalar un planetario, máxime que el Politécnico y la Sociedad Astronómica de México tenían los suyos. Eso nunca se logró.

En relación con mi ingreso al museo Universum, la historia comenzó el día que Luis Estrada me habló por teléfono y me contó que estaban pensando seriamente en conformar un museo en la UNAM, por lo que me invitaba a integrarme al equipo del Centro Universitario de Comunicación de la Ciencia (CUCC), del cual él era director.

En el Centro de Instrumentos yo fungía como técnico académico en la UNAM, que era un puesto de segunda porque se ganaba menos y no se disponía de año sabático. Él me ofreció que en el CUCC me iban a conseguir una plaza de investigador. Sin embargo, le respondí: "No, no quiero ser lo que no soy. Soy técnico académico, como aquí les llaman a quienes no son ni investigadores ni profesores —según yo, soy *tecnólogo*, como me gusta llamarme—, y así estoy muy contento". Agregué que prefería quedarme como técnico académico, porque pienso que hay que defender ese puesto por ser muy interesante. De este modo salí del Centro de Instrumentos y entré al CUCC.

La idea de crear un museo de biología o de ciencias naturales coincidió con el nombramiento del doctor José Sarukhán como rector de la UNAM. Él había sido un promotor de dicha idea porque, al igual que a mí, le dolía que las colecciones del Museo del Chopo se hubieran guardado o tirado a la basura cuando merecían ser exhibidas en algún lugar. Ésta era una fascinación que embargaba al doctor Sarukhán. Entonces nos juntamos un grupo de 19 entusiastas de la idea, encabezados por el doctor Jorge Flores. Nos reuníamos y aplicábamos lluvias de ideas para ver cómo le procederíamos. Jorge decidió que lo mejor era invitar a los investigadores que compartieran nuestro entusiasmo por este proyecto, a fin de que cada uno de ellos dirigiera una sala de acuerdo con su campo de acción. De esta forma se propusieron varias salas y se fue organizando el museo.

Se preparó una maqueta muy bonita y se invitó al licenciado Manuel Camacho Solís, entonces regente del Distrito Federal, a que participara; finalmente no aceptó, aunque yo aproveché la oportunidad para comprometerlo a impulsar un planetario y un auditorio para la Sociedad Astronómica de México, los cuales se ubicaron en el Parque de los Venados.

Por cierto, en el proyecto del museo quedó pendiente el planetario, por el cual seguiré peleando. Ya mero lo conseguía cuando entró como rector Juan Ramón de la Fuente, quien mostraba mucho entusiasmo y prometió favorecer su creación. No se le olvidó, e incluso una vez que fue a un aniversario de Universum me dijo: "No creas que se me ha olvidado lo del planetario, Pepe, nada más que hay que esperar un poco". Le comenté: "Sí, para esperar soy experto". Y sigo esperando.

Justo en ese tiempo, el director del Conacyt, el licenciado Fausto Alzati, decidió sacar de la UNAM este organismo. Cuando se fue de ahí, vimos que el edificio vacío resultaba ideal para nuestro museo. Con ello, finalmente ganamos todo el tiempo que habría tomado su construcción, además de mucho dinero, pues únicamente se necesitaba acondicionar el espacio para convertirlo en museo, como fue el caso.

No es cierto que la razón por la que había pocos recursos para Universum era que éstos se canalizaron al Museo del Niño. En el tiempo que fui diputado, un compañero en la Cámara era Fernando Lerdo de Tejada, esposo de Marinela Servitje, quienes poseen por cuenta propia mucho dinero. Además, a través de sus contactos consiguieron directamente el apoyo del Presidente y de su esposa, por lo que estuvieron a su alcance todos los fondos que necesitaban.

Antes existía la posibilidad de lisonjear al Presidente y obtener privilegios, porque era el que realmente mandaba, casi todopoderoso; pero ahora que el primer mandatario está cada vez más en su función de Presidente que de poderoso, es muy difícil convencer a la Cámara de Diputados. Eso sí que está complicado porque la mejor forma para que un proyecto no salga es formar un comité, donde inevitablemente se atorará. Y el comité más grande que hay en México se llama Cámara de Diputados.

Como dicen, si se quiere construir un camello, hay que meter a un comité el proyecto de un caballo para que salga un camello perfecto.

De igual forma, el Museo del Papalote recibe muchísimos más visitantes que Universum simplemente porque aquél ha dispuesto de todo el dinero del mundo para su creación; se generó con *dinero*, no con *esfuerzo*, que es distinto. Con mucho dinero es muy fácil anunciarlo en la televisión, en el radio, en los periódicos, en dondequiera, y la gente va a cualquier parte que se anuncie. ¿Acaso se llena el Palacio de los Deportes si nadie avisa que va a presentarse Luis Miguel o cualquiera de estos astros relativamente pasajeros?

Colecciones en busca de hogar permanente

¿Cuál será el destino de todas mis colecciones?, se preguntarán probablemente muchos de quienes lean estas memorias.

Hace tiempo, primero sentí el impulso de seguir donando a Universum, como había hecho varias veces. Pero luego lo pensé mejor y decidí contenerme porque al parecer ahí ya no hay espacio.

De buena fuente sé que Universum ha guardado mis colecciones en una gran bodega, que no es el lugar ideal para piezas delicadas, y que las expone sólo de manera temporal, no permanentemente. Así que, si menosprecian esas colecciones, prefiero no cederle nada más a este museo. Si no quieren exhibir mis colecciones me da igual, ése es problema de la administración del museo, no mío. Pienso que se trata de colecciones valiosas para los conocedores y, con el tiempo, de seguro se irán volviendo más valiosas. Como ya señalé, por ejemplo, la colección de cámaras que le doné al museo suma como 120 piezas, entre cámaras de vistas fijas y las de cine, más los proyectores de ambos tipos. Si se ejecutan cálculos, esa colección vale mínimo 120 000 pesos, estimando 1 000 pesos por pieza. Esta es una cifra regalada porque algunas cámaras cuestan mucho más. Por ejemplo, tan sólo la cámara Leica típica ya no se fabrica y es una pieza muy codiciada por los coleccionistas; si ahorita las buscan en La Lagunilla, no baja de 10 000 pesos, y los estadounidenses pagarían por ella 1 000 dólares con la mano en la cintura.

Existen varios casos más. Poseía una gran colección de tocadiscos y radios de consola, la cual daba toda la vuelta en mi casa, y se redujo a un cachito nada más, porque le cedí la mitad al museo.

Sin embargo, desde que el doctor José Antonio Chamizo asumió la titularidad de la Dirección General de Divulgación de la Ciencia, en 1998, esa y otras colecciones han estado embodegadas. No entiendo por qué, ya que el museo bien podría organizar las colecciones para rentarlas como exposiciones temporales y así obtener recursos que le permitieran seguirlas circulando y que éstas se exhibieran en muchos lados; en tiempos del doctor Jorge Flores fueron a dar hasta Mexicali.

Sin embargo, como dije, no me meto a ver lo que hacen con las piezas que cedí; es decir, no menos de 60 radios, alrededor de 30 televisores, aproximadamente 200 instrumentos, desde médicos hasta balanzas y medidores, una docena de robots de diferentes tamaños y capacidades. La colección completa de robots, incluyendo al Pascal, la tiene el museo; una vez, muy al principio cuando los acababa de ceder, montamos una obra de teatro con robots en la cual salían Pascal y Pánfilo, intercambiaban palabras, uno se movía para acá y el otro para allá, etcétera. ¡Los niños se volvían locos de entusiasmo! Yo cumplí con donarlos al museo para que los aprovechen, y espero que así sea.

Por cierto, debo aclarar que don José Sarukhán no permitió que donara la colección de radios. Dijo: "No, ya es mucho y la UNAM te la puede pagar". Sólo firmamos un contrato de cesión de derechos.

Ante tal situación, de nuevo me volví a plantear qué hacer con mis colecciones. En principio, como ya está dispuesto en el testamento, todas las colecciones que había dentro de la casa y que ahora están guardadas se las dejaré a mi hijo Mario.

Pero mientras eso ocurre, quiero armar un museo, que se podría llamar el Museo del Saber Hacer. Al principio pensé en montarlo en la sala de mi propia casa, en Coyoacán, pero esa opción quedó descartada desde que vendimos la casa Esther y yo y nos fuimos a vivir a Acapulco, por motivos de salud. Por cierto, mi hermana Esther, su amiga Elo y mi querido amigo Armando Pous se dedicaron en cuerpo y alma a listar y empacar todo lo coleccionable que había en la casa de Berlín 308 y ellos junto con mi hijo José prepararon varias mudanzas para llevar las colecciones a la bodega de mi hijo Mario, donde están actualmente.

Entre los posibles interesados, he barajado desde la Fundación Emilio Azcárraga, que a lo mejor quieren hacer algo de provecho en este país, hasta la Secretaría de Comunicaciones y Transportes (SCT), Carlos Slim, la propia UNAM, entre otros.

Sobre la opción de la SCT, el 27 de enero de 2002 lamentablemente falleció Antonio Sherhan, que fue mi segundo en Televicentro Canal 2 y un gran promotor del futuro museo de comunicaciones de la SCT. Típicamente yucateco y un poquito libanés, era un excelente hombre de trabajo. Él entró como operador de la XEW en los años cuarenta, y me tocó aprobar su ingreso porque yo debía examinar a los que pretendían ser radiooperadores; todos los aspirantes eran prácticos y ninguno estudió ingeniería. Irradiaba entusiasmo y, como era muy capaz, rápidamente sobresalió. Era de esas personas que memorizan todo; por ejemplo, conocía de memoria, pieza por pieza, las cámaras de televisión Dumont, por lo que encontraba qué parte se necesitaba cambiar cuando había cualquier falla en la imagen.

Así que cuando allá en los cuarenta monté el laboratorio de televisión en la planta de la W en Coapa, él se interesó mucho y me lo llevé a Televicentro, donde lo designé jefe de transmisor del Canal 2; diez años después, cuando salí de Televicentro él se quedó en mi lugar como jefe del canal. Era un poco mayor que yo, y cuando Emilio Azcárraga Jean quedó al frente de la administración, Televisa despidió a mucha gente; a él lo relegaron porque no lo podían quitar. Fue un gran promotor de la idea de crear el museo de comunicaciones a través de la Secretaría de Comunicaciones y Transportes, aunque sigue sin concretarse esta posibilidad.

Por iniciativa de Antonio Serhan, la SCT guardaba en un almacén todas las cámaras y equipos de televisión que se iban desechando en el Canal 2, no porque fueran viejas, sino porque aunque estuvieran en muy buenas condiciones se remplazaban por los modelos más nuevos; así se fue llenando el almacén con aparatos obsoletos.

En ese proyecto el promotor principal dentro de la SCT era el ingeniero Tomás Guzmán Cantú, pero también ya murió. Empleado de la Secretaría durante toda su vida, logró juntar artefactos históricos representativos de lo que fue el desarrollo de las telecomunicaciones, tanto telegráficas y telefónicas, como de la radio.

También ahí estaba el licenciado Manuel Rosales, quien es relativamente joven y heredó del ingeniero Guzmán Cantú el interés de crear un museo; una vez logró poner una pequeña muestra de comunicaciones telegráficas, principalmente, en la parte de atrás del Museo Nacional de Arte, que está en Tacuba 8 frente al Palacio de Minería, donde era Telégrafos de México. Quienes hemos empujado también este proyecto lo hemos ayudado cada vez que podemos, e incluso habiendo donado con este fin unos transmisores y equipos de radiocomunicación.

Como mencioné antes, una nueva alternativa es desarrollar el Museo del Saber Hacer propuesto inicialmente para estar en Cuernavaca. Para ello, mi hermana Esther ha preparado todo un estudio y un proyecto de museo del cual hay planos detallados. Este proyecto muy completo seguro ayudará a conseguir un espacio y presupuesto para construir el Museo del Saber Hacer, cuyas colecciones ya están listas para que las conozcan niños y jóvenes.

Pero esta es una historia que aún está por escribirse y que espero ver cristalizada en poco tiempo.

7 Una singular historia personal

Como todo ser humano, el ingeniero José de la Herrán es fruto de sus cir-cunstancias. Su peculiar historia tiene como telón de fondo una fuerte figura paterna y un ambiente familiar especial que, en conjunto, fueron forjando un carácter, una ética, una posición ante la vida y una forma de relacionarse sentimentalmente con otras personas. Los principios de que se nutrió no ad-miten doblez, infidelidad o engaño y, por supuesto, no permiten jugar con los sentimientos del ser amado. Dentro de este contexto, donde encontró barreras para conectar las emociones, el aprendizaje amoroso resultó más complicado que armar un transmisor. Como no todos comparten tales valores, las relacio-nes humanas suelen estar teñidas de sinsabores, incomprensión, desengaños, desencantos. En este acercamiento más personal a don José, conocemos de sus amores y sus desamores.

En el plano personal, con el correr de los años veo que mi niñez fue muy diferente de lo que se ve en la mayoría de las familias. En mi caso, la si-tuación familiar era atípica y, por lo tanto, no se parecía a la de nadie en general por una serie de razones.

Como dije al inicio, mi madre se marchó de casa cuando yo era muy chico. Crecer como hijo único tampoco es de lo más común, pues gene-ralmente las parejas procrean dos o tres hijos, y a veces hasta diez, como en el caso de los padres de mi primera esposa, Matilde del Río.

Mucho después, me fui a enterar de que yo tenía dos medias herma-nas: a una de ellas, hija de mi mamá, la conocí de casualidad en un eleva-dor de Televicentro; la otra se llama Esther Ruiz de la Herrán Navarro, a quien le llevo 22 años, y es hija de mi papá y de la señora Esther Navarro.

Mi papá leía mucho, se desvelaba todas las noches y se levantaba regularmente a las diez u once de la mañana, pero andaba en bata por la planta de la XEW hasta la hora de comer. No iba mucho a la estación, pero le reportaba a don José Piña todo lo que pasaba. A las cuatro de la tarde se iba al café Tupimamba, donde se reunía con sus amigos para hablar de radio, de aviación, de medicina, etc. Ésta fue también parte de mi niñez atípica porque, como no iba a la escuela ni convivía con niños, mi con-tacto era sólo con gente mayor, todos hombres, excepto las tres mujeres que vivían en la casa, quienes me trataban muy bien: mi bisabuelita, mi abuelita y mi tía.

Asimismo, a diferencia de otras familias como la de mi amigo Lalo Morfín, donde se demostraban el cariño con besos y abrazos, en la mía no me tocó vivir este sentimiento de afecto. Mi papá no era cariñoso, ni tampoco mi abuelita ni mi bisabuelita. En el trato con mi papá siempre se interpuso una especie de barrera emocional; nunca hablábamos nada de sentimientos, de mujeres, de cariño. Nunca me apapachó.

Deduzco que la partida de mi mamá, por lo que sea que haya sido, lo dejó lastimado. Esto le debe de haber dolido y seguro le dejó marcas imborrables. A cualquiera que le pase algo así probablemente ya nunca vuelve a ser el mismo, por más que lo desee. A esto le atribuyo que evitara las demostraciones de afecto.

Había una línea infranqueable para hablar de cuestiones familiares o afectivas. Él jamás las tocaba, y yo tampoco porque respetaba su actitud y lo veía como a un genio. Alguna vez mi abuelita habló de algo en lo que se vislumbraba el tema de mi mamá, pero mi papá dio a entender que no estaba dispuesto a hablar de eso.

Resentí un poco mi condición de abandonado porque me di cuenta de que mi padre eludía abordar el tema de los sentimientos y de mamá, pero por respeto jamás insistí.

Nuestra relación era distante en lo humano, pero muy cercana en las ciencias. Hablábamos de técnica, física, filosofía, de muchos temas científicos y tecnológicos. Trataba de explicarme todo lo que le preguntaba, y vaya que era yo un preguntón de todos los diablos. Desde muy chico me la pasaba curioseando asuntos del trabajo de papá, eléctricos o electrónicos; lo veía armando un amplificador, y jugaba a tratar de armar uno.

Mi papá no era muy estricto conmigo, sino más bien riguroso; todo lo veía desde el punto de vista del rigor, del sí o no, de lo verdadero o lo falso, de la actitud correcta o incorrecta. Era un hombre sensible, recto y honesto en grado extremo, con una moralidad muy definida. Así era la vida en mi casa y eso me sirvió de base. Su trato era muy directo, porque no se andaba por las ramas para decir si algo estaba bien o mal, si le parecía o no. Nada de protocolo, sino al grano; pero nunca fue grosero. De hecho, no era amable, no usaba expresiones de "¿cómo está usted, señor?". Saludaba muy seco a cualquiera.

En ese contexto crecí. Quizá por eso cuestiones como el impulso sexual y el hablar con los amigos sobre las chicas y sus piernas, a mí nunca me pasaron por la cabeza. A mi amiga Georgina, esa niña con la que de chico iba al cine dos veces por semana, jamás en la vida se me ocurrió ni siquiera tocarle la mano. Desde ese punto de vista, fui totalmente inocente y tranquilo, pues la hormona no se me despertó antes de los 16 o 17 años. Como no fui a la escuela hasta sexto, no me "contaminé" con compañeros ni con familiares mayores de otras costumbres.

Creo que todo eso originó de alguna forma una cierta inhibición, y tal vez por eso no me dio por ser cariñoso. Por ejemplo, no aprendí a saludar de mano hasta que trabajé con los hermanos Campos, los papás de mis amigos, porque en especial don Pancho decía que saludar de mano implicaba un acto de conexión, de comunicación y de entrega, pero al mismo tiempo de confianza. Nunca daba la mano porque jamás vi que mi papá lo hiciera.

Mi primera novia, Matilde, fue mi primera esposa. Antes de ella no tuve novia porque consideraba el noviazgo como algo muy serio e importante; si no era para el matrimonio, no podía comprometerme. En el aspecto sexual o sensual, sentía una gran indefensión; pensaba que acercarme a una muchacha tratando de demostrarle algún interés me iba a comprometer, y temía no saber cómo evitar enredarme. Total, era una situación simpática. Eso lo he analizado muchas veces. Jamás se me ocurrió que sufriera algún problema; simplemente yo era así y punto.

Creo que casi todos mis amigos son del mismo estilo, pues nunca hemos andado de fiesta, ni en la UNAM. No platicábamos de mujeres ni sobre las relaciones con las novias. De ellos, quizás era diferente sólo Eduardo Morfín, pero cuando quería echar relajo se iba con otros amigos. A él sí le gustaban las chicas, se volaba por todas las faldas que veía y era de los que las desvisten con la mirada cuando pasan. Los demás no adoptábamos esa actitud.

También era resultado de la falta de contacto con personas de mi edad y del otro sexo. Cuando hay hermanas en la familia cambia la situación y la psicología, pues uno se acostumbra más a convivir con personas de diferente sexo.

Además, mi padre era sumamente aislado, solitario y retraído en la vida formal. Nunca se vinculó a ninguna asociación o sociedad ni quiso ser miembro de nada, ni iba a reuniones de ingenieros o a celebración alguna.

Sin embargo, él llevaba otra vida aparte de la casa donde vivíamos en Coapa. Poseía un departamento en Paseo de la Reforma 27, en el centro, donde se reunía con sus novias, sus amigos y las amigas de ellos. Nunca fui a las reuniones que organizaban ni me interesó, porque además rechazaba todo eso porque me parecía que era como tratar de vivir en una ficción. El negocio de la hormona.

Cuando mi papá no iba a su departamento para estar a solas con sus amigas, se juntaba con sus amigos en cualquiera de los departamentos y llevaban chicas decentes; o sea, no eran prostitutas ni mucho menos, sino mujeres solas a quienes también les gustaba la compañía, como la señora Morton, que era finísima y me caía muy bien. Era viuda de un piloto estadounidense de aerolínea que se había matado; sus dos hijos rondaban los 11 o 12 años, en la época en que yo tenía 25.

En su departamento mi papá tocaba el piano y el acordeón, y otros la guitarra. Ofrecía su whisky Buchanan's y era el más activo en darle alegría a las reuniones. No era mujeriego, pero tenía sus amistades de una por una y le duraban dos, tres años, pero nunca las llevaba a mi casa, ni mezcló esos asuntos con la familia. Se puede llevar una vida fuera de casa, pero cada cosa en su lugar.

Así anduvo hasta que por fin encontró a Esther y ya se regularizó. Supe de sus lazos con ella y que yo tenía una hermana sólo hasta 1951, cuando era director técnico del Canal 2. Ya había cumplido 25 años cuando Esthercita andaba en los tres, pues nació en 1947.

Esther era muy buena persona y trataba con mucho cariño a su hija, a diferencia de mi papá. Esthercita nunca lo quiso realmente, no lo amó como hija, porque al igual que conmigo él mantuvo una relación distante en términos sentimentales.

Eso no significaba que no nos quisiera, pero no lo demostraba como hubiéramos deseado. A mí me lo demostró dándome los regalos que le pedía en mis cumpleaños o en Reyes Magos: el triciclo, el mecano, un tren eléctrico… Finalmente, eran demostraciones de afecto.

En esa época, habían ocurrido muchos cambios en la casa donde vivía con mi papá. Para empezar, había muerto ya mi bisabuelita. Ella toda su vida vivió feliz pagando a la Beneficencia Española para que cuando enfermara la atendieran ahí y se evitara problemas. Una noche se cayó y se rompió el fémur, como les suele pasar a los ancianos. Llegamos al Sanatorio Español a las 11 o 12 de la noche y no la aceptaron porque había omitido una mensualidad, después de haber pagado durante 20 años. Mi papá les dijo hasta de lo que se iban a morir.

Sin dinero ni saber qué hacer, le habló a las dos de la mañana al señor Vélez, el gerente de la W, quien le recomendó ir con un doctor del Hospital Francés. Ahí la atendieron, la operaron, le pusieron un clavo para fijar el fémur, pero ya nunca se levantó; a esas edades, quien se queda en la cama no sobrevive. Y en efecto, ella murió como a los 15 días de su accidente. Desde ahí, mi padre odió intensamente a la Beneficencia Española y al Sanatorio Español.

Diez años después, falleció mi abuelita Magdalena Oliver de cáncer de estómago, en medio de dolores horribles, cuando todavía radicaba mi tía con nosotros. Fue muy triste. Aún era operador de la planta de la W y trabajaba en horario nocturno, de 6 a 12. Una noche de ésas, no estaba mi papá en la casa y subió a verme mi tía llorando, para avisarme que acababa de morir mi abuelita. Hablé a Televicentro para pedir que buscaran a mi papá. Como no podía dejar la planta sola, le dije a mi tía: "Vete a estar con ella y en cuanto termine la transmisión me voy con ustedes". Cuando esto ocurrió, casi al mismo tiempo llegó mi papá y juntos fuimos a ver a mi abuelita, que había descansado. El cáncer se la había consumido materialmente. De ser una señora robusta, al final la pobre terminó como un palillito, pues no podía comer.

Después de la muerte de mi abuelita, mi tía se casó y se fue a vivir con su primer esposo, Renato Torreani, un director de orquesta italiano que se quedó sordo, peor que Beethoven (quien podía tocar solito y componer), pero este hombre sólo vivía de dirigir una orquesta. Un tiempo después de que murió de cáncer, mi tía se volvió a casar. Con su segundo esposo, Filemón Alba, procreó a su hijo Filemón Luciano, que es mi primo. Él ya se casó y tiene familia, pero no nos frecuentamos.

Desde que mi tía se fue nos quedamos solos mi papá y yo, con la señora Andrea, que se encargaba de la casa. Se la recomendaron a mi papá, y de verdad fue una señora excelente que preparaba la comida, nos lavaba la ropa y hacía todo el servicio. Cuando se fue, muchos años después, llegó la señora Juana.

Primera novia, primera esposa

Como apunté líneas atrás, en mi juventud mi primera y única novia fue Matilde del Río. La conocí cuando fui a inscribirme a primero de prepa en el Colegio Franco Español. Allí andaban dos chicas muy monas, una rubia y una morena. La primera se llamaba Beatriz Gleesen y tenía poco de haber llegado de Dinamarca con su familia, pero ya hablaba bastante español. La morena era Matilde del Río, ocho meses mayor que yo. Acababan de volverse amigas a la hora de inscribirse.

Los tres fuimos compañeros en primero de prepa, pero en segundo el colegio se militarizó y sólo admitía hombres (esto sucedió en 1942, el año en que Estados Unidos entró a la guerra y luego también México, cuando hundieron el buque petrolero mexicano llamado *Potrero del Llano*). Ellas se fueron al Instituto Luis Vives, un colegio que estaba por el Monumento a la Revolución.

Aunque por esta razón nos veíamos menos, durante el año que estudiamos juntos habíamos trabado una preciosa amistad. Lalo y yo nos hicimos íntimos amigos de las dos chicas y andábamos de arriba para abajo. Íbamos a verlas al Luis Vives, y de la escuela pasábamos a tomar helados a la colonia Guadalupe Inn y a patinar.

Al siguiente año, Matilde inventó que se quería ir a estudiar a Estados Unidos a una escuela de Oskaloosa, un pueblito de Iowa, al sur de Chicago. Y se fue, pero un buen día recibí una carta de ella y le contesté. Lalo, más enterado que yo en cuestiones de amor, me dijo: "¿Qué no ves que te está escribiendo porque te quiere?". Ante mis dudas, insistió en que me fijara cómo me había escrito. Entonces desperté de mi estado de sonambulismo en esas artes.

Antes de que se fuera, habíamos pensado en ser novios, pero creí que en plan de juego. No puedo decir que me gustaba Matilde, la verdad. Me caía bien como amiga. Su único "defecto" es que era la primera de la clase, el ejemplo, y había un poco de envidia de mi parte, y de superioridad por la suya.

El caso es que cuando se fue a Estados Unidos a fines de 1943, ya en plena guerra, empezamos a escribirnos. Intercambiamos tres o cuatro cartas, y algo diferente me notó mi abuelita María. A los mayores les basta con ver la cara de los hijos o nietos para saber lo que ocurre. Al llegar un día a la casa con una carta, ella me dijo: "Tú quieres a esa chica Matilde, ¿verdad?" No supe qué contestar. Realmente no había pensado seriamente en eso.

Pero un buen día, a fines de 1943, cuando ya había acabado la prepa e iba a entrar en la Facultad de Ingeniería, decidí ir a visitarla a Oskaloosa. En la W le inventé a don Emilio que quería ir a Estados Unidos para visitar museos, básicamente los de Chicago. Se veía que don Emilio estaba bien informado porque me respondió: "Tú lo que quieres es ir a ver a tu novia, ¿verdad?". Le aclaré que no era mi novia. Y él dijo: "Pues debería de serlo. Bueno, ve con Amalia a que te dé 100 dólares". Era febrero de 1944.

Vendí mi moto, que era mi adoración, en 100 dólares y con 200 dólares en el bolsillo me fui a Nueva Orleans con un amigo de mi papá, el señor Salvador del Conde, quien dirigió una de las primeras estaciones de radio en México, la XEN, "La estación de la ópera".

En plena guerra, para sobrevivir en la W, él se dedicaba a conseguirnos bulbos de segunda mano. También había logrado que nos restauraran bulbos usados de la XEW, pues en ese tiempo casi no vendían los nuevos. Existían bulbos restaurados, porque les cambiaban los filamentos fundidos, que funcionaban por 2 000 o 3 000 horas y eran muy buenos, aunque no llegaban a las 5 000 horas que garantizaba la fábrica. Esos bulbos quemados tipo 898, que medían 1.5 metros de alto, se los llevaba Del Conde en su coche. Como viajaba a Nueva Orleans por los bulbos, me llevó con él.

Llegamos a Nueva Orleans y fuimos a un casino. Como era aficionado a las maquinitas de apuestas, me invitó a jugar. Yo traía muy poco dinero, pero me dio un dólar y lo cambié por monedas de 25 centavos, para irme cuando se me acabaran las cuatro. En la segunda moneda que eché, aparecieron las tres manzanas y gané 11 dólares en fichas; le metí otra a la maquinita, volví a tirar, ¡y otras tres manzanas, con sus respectivos 11 dólares! De inmediato, llegaron dos monos como de dos metros y me retiraron amablemente de la máquina, además de desconectarla y luego voltearla contra la pared. Se le habían atorado las manzanitas para beneficio mío. En la caja entregué mis fichas y me dieron 22 dólares.

Saliendo del casino tomé el camión Grey Hound a Chicago, un camino medio largo. Compré un boleto que me permitía bajar y subir donde quisiera, así que bajé en Saint Louis, Missouri. Eran las seis de la tarde, ya medio oscuro porque era invierno. Guardé mis cosas en el *locker* de un hotel y me fui a caminar. Cuando me di cuenta, ya me había perdido. ¿En qué hotel había dejado mi equipaje? Ni me había fijado. Todo lo había metido en el *locker*. Solo, sin nada más de lo que traía puesto, me empecé a preocupar. Pregunté en dónde estaba la estación de autobuses y caminé en la dirección que me indicaron. Ya estando allá recordé nebulosamente hacia dónde me había dirigido y, luego de intentar en tres hoteles, finalmente di con mi equipaje. Fue un gran susto.

Después llegué a Chicago y efectivamente fui a pasear por todos los famosos museos que ansiaba conocer, tanto el de Ciencia e Industria como el de Historia Natural, además del planetario. Debo de haber estado tres días en Chicago, y de ahí luego abordé otro camión a Oskaloosa para encontrarme con Matilde.

Además de estudiar inglés en el último año del *high school*, ella trabajaba cuidando a David Voigt, un niño muy *mono* de una familia judía. El papá era médico y la señora pianista de concierto, por lo que en su casa había un precioso piano Bechstein de tres cuartos de cola, de ensueño, perfectamente afinado.

Matilde me había conectado con uno de esos grupos que ayudan y consiguen buenos precios, y me encontraron un hotel como de dos dólares diarios, perfecto para los 15 días que planeaba quedarme allí.

Andábamos por ahí platicando tomados del cuello, como los amigos en México. En un tiradero de coches, como los muchos que hay en Estados Unidos, encontramos un automóvil en buen estado y decidimos que ésa fuera nuestra sala para platicar. Y justo ahí, el 14 de marzo, día del cumpleaños de Matilde, le propuse que fuera mi novia para casarnos. Le dije que no me contestara en seguida. Ella prometió responderme el día de mi santo, el 19 de marzo.

Ésa fue una semana muy corta, durante la cual anduvimos nerviosos y nos vimos poco porque ella estaba metida en la escuela.

En ese paréntesis, le pregunté a la señora Voigt si me dejaba practicar en su piano, porque a mí me encantaba tocar. Como ella aceptó, diario iba a casa de la familia Voigt a tocar lo que sabía, que era música popular, principalmente de Agustín Lara. En el órgano me sabía la *Tocata y fuga* en Re menor de Bach, pues me gustaba mucho esa obra. Ella me comentó que precisamente estaba estudiando una fuga de Bach a cuatro voces, cuyas melodías se entrelazan de una manera maravillosa, como sólo Bach podría crear, y me encantó oírla porque ella tocaba realmente muy bien el piano. No era una pieza difícil, pero sí muy rápida.

También conocí al doctor Voigt, quien estaba realizando un trabajo en el Mercy Hospital sobre los bacilos de Koch, y en una plática mientras cenábamos me preguntó si yo podría sacar unas fotografías de esos bacilos en dicho hospital. Le contesté que primero me dejara estudiar el microscopio para ver si podía. Así que esa semana corta, del 14 al 19 de marzo, me la pasé trabajando en el hospital todo el día hasta las cinco de la tarde.

Matilde llegaba como a las 5:30 porque la escuela estaba a dos cuadras de la casa. Como ella debía regresar al dormitorio a las siete de la noche, disponíamos de poco menos de hora y media para conversar.

Respecto al microscopio, era más que bueno, ¡el número uno! Conocía muy bien esos aparatos porque mi papá era un aficionado del tema y aprendí a reparar daños menores. Éste era un microscopio nuevo, igual que el equipo de fotografía, una cámara Zeiss muy buena. Tardé un par de días en preparar todo, y compré una película especial para tomar placas de vidrio. Cuando todo estuvo listo, el doctor me daba las muestras de los bacilos de Koch y yo sacaba las microfotografías, diez de las cuales salieron excelentes. Incluso le pedí que me dejara tomar algunas muestras, porque en las que me dio la saliva de la gente quedaba muy gruesa y no se veían con claridad los microbios; así que compré unos guantes y practiqué unos 12 frotis, ya preparados con azul de metileno para colorear los microbios.

Así estuve haciendo tiempo hasta el 19 de marzo, el día de san José. Esa tarde estaba nevando y nos fuimos a nuestra "sala" en el tiradero de coches, todo nevado. Allí Matilde me dijo que sí, le di su primer beso y nos hicimos novios. Ésa fue la ceremonia para formalizar nuestra relación.

Pensaba que el noviazgo era para casarse, sin intermedios. De amigos pasamos a novios formales, aunque no nos casamos hasta 1949, es decir, anduvimos varios años de prometidos.

Pocos días después me despedí de Matilde y de los señores Voigt. Ella permanecería allá probablemente un año más, pero ya quedamos comprometidos formalmente. Calculo que debo de haber regresado a México por ahí del 24 o 25 de marzo, pues estaban por empezar mis clases en primero de Ingeniería Mecánica Eléctrica en la UNAM.

En el año que estuvo en Estados Unidos nos escribimos regularmente. Para ambos era nuestro primer noviazgo. Estábamos idealmente ligados a una promesa, y la ausencia afectaba, pero no mucho.

Cuando regresó, terminó la prepa en el Luis Vives y después ingresó a la Facultad de Química de la UNAM, que estaba en el pueblo de Tacuba. Poco después de que terminó la carrera de Química Farmacéutica Bióloga (QFB), nos casamos el 21 de octubre de 1949.

Sin embargo, antes de casarme e irme de viaje de luna de miel, ese mismo día tuve que echar a andar la estación de don Pancho Aguirre, la XEQB. De modo que el 21 de octubre de 1949 también es una fecha memorable para la Organización Radio Centro, porque ese día arrancó la primera estación de la que sería la cadena de don Francisco Aguirre.

La ceremonia fue a las 12 del día en La Sagrada Familia, una iglesia muy bonita de estilo europeo, no español, que está en la esquina de Puebla y Orizaba, en la colonia Roma. Fue una gran boda. Nos acompañaron don Pancho Aguirre, quien nos llevó una charola de plata, Emilio Azcárraga Milmo y los principales del radio, con un banquete de buen nivel, pues como había ganado bastante dinero pudimos darnos el lujo de ofrecer una linda fiesta. Al terminar nos fuimos a Acapulco, invitados por el ingeniero Gilberto Múzquiz, amigo íntimo de mi papá, quien había firmado un contrato de mantenimiento de equipos de audio con el Hotel Club de Pesca y nos regaló la estancia ahí.

El aprendizaje del matrimonio

La familia de Matilde me parecía muy interesante, sobre todo porque había un contraste sensacional. A diferencia mía, que fui hijo único (en ese entonces ni me imaginaba que Esthercita era mi hermana) y cuando me casé estaba sólo con mi papá —ya habían muerto mi abuelita y mi bisabuelita, y mi tía estaba recién casada—, mi esposa vivía con sus papás, su simpatiquísima abuelita Conchita *Titita* —que me quería mucho y yo también a ella— y sus nueve hermanos.

Ella era hija de don Mario del Río, tabasqueño de origen cubano que trabajaba en el negocio de las farmacias, y doña Dolores Portillo, de Guanajuato. El papá murió cuando aún éramos novios y la mamá se esforzaba cuanto podía para sacar adelante a la familia y controlar a sus diez hijos: Alfonso era el mayor, luego Aída y Olga —que son gemelas, tan igualitas que de chicas no las distinguía ni la mamá, aunque con los años se diferenciaron un poquito—; Concepción y después otras dos gemelas, Josefina y América, no muy parecidas; Jorge, Mario y Lolita, los tres últimos. En total, tres hermanos y siete hermanas. Era como una marabunta de hermanos de todas las edades y de lo más diferentes.

De ellos recuerdo que Alfonso era un hombre de moral relajada que nunca hizo nada por sí mismo, de ésos que hablan despectivamente de su padre. Una ocasión lo saludé y me desagradó escucharlo decir: "Pues aquí, tratando de sacarle dinero al viejo"; de ahí en adelante nunca quise intentar una amistad con él.

Olga trabajaba en el Palacio de Hierro, era sumamente extrovertida; su novio Julio, de origen centroamericano, era un contador vertical; ambos me parecían muy amables y simpáticos.

Aída se la pasaba medio peleando con su novio, quien vendía vinos, ganaba buen dinero y traía un coche elegantísimo.

Luego venía Matilde, la quinta por edad, bien guapa, con ojos muy expresivos, siempre sonriente, fue la única de las mujeres que estudió una carrera universitaria. Después venía Concepción.

Seguían las gemelas América y Josefina; ésta era la más bonita de todas porque tenía la nariz recta.

Jorge trabajaba duro en la farmacia Marius, de su papá.

Mario fue el único de los hombres que estudió una carrera, la de medicina; su vocación de médico era indiscutible. Él y yo fuimos grandes amigos hasta su muerte prematura.

Lolita, la más chica, también murió joven. Toda la familia trabajaba en la farmacia, turnándose para estar al pendiente, hasta que contrataron a una joven que luego se casó con Jorge.

Menos de un año después de casarnos, tuvimos a nuestro primer hijo, José, quien nació en septiembre de 1950. Mario, mi segundo hijo, nació en 1951.

Cuando nos casamos primero alquilamos una casa dúplex. Nosotros vivíamos en la del fondo, y a la del frente se mudó Olga, la hermana de Matilde, que se casó poco antes y ya tenía una hija muy linda. Así vivimos como un año o año y medio.

Francamente, me sentía muy incómodo, como arrimado en la numerosa familia de Matilde, en medio de mucho ajetreo, de frecuentes alegatas. Entonces decidí que nos mudáramos a donde viví de soltero, en la planta de la W. Era una casita que se construyó como a 50 metros de la de mi papá.

Pero tampoco resultó como yo esperaba. Sin querer, creo que mi padre también influyó mucho en nuestra separación, porque despreciaba a las mujeres, y eso no me gustaba; sólo por respeto no discutía con él sobre el tema. En teoría, no inmiscuía en nuestro matrimonio, pero se mostraba ajeno, y pienso que de esta forma intervenía porque, en vez de lograr una comunión familiar, siempre se comportó con Matilde como si fuera una especie de intrusa. Si a mí eso me molestaba, a ella y a toda su familia les irritaba aún más.

Además Matilde, con toda razón, se hartó de estar en una situación de segundona, como si no fuera la señora de la casa, porque mi papá le daba toda la autoridad a la ama de casa que teníamos, la señora Juana, que atendía tanto nuestra casa como la de él, porque vivíamos muy cerca.

Estas situaciones se fueron tornando más agrias y molestas para Matilde, al grado de que un día decidió irse con nuestros dos hijos a un departamento que alquiló en la avenida Insurgentes, al sur del puente de San Antonio. No quise seguirla, porque consideraba que yo debía decidir dónde vivir.

No fue una ruptura total en ese momento, pues iba a visitarla con frecuencia, sobre todo para ver a mis hijos, y cumplía con mis obligaciones económicas. De este modo, aunque seguíamos casados nos separamos físicamente.

Antes de esa separación nos fuimos distanciando también porque ella empezó a desconfiar de mí, pues como era el director técnico de Televicentro debía presentarme ahí a la hora que fuera, a veces a la una o dos de la mañana si surgía algún problema con el transmisor y urgía arreglarlo. Supongo que Matilde estaba convencida de que andaba con algunas chicas de la televisión. Eso me ofendió terriblemente porque siempre he sido una persona muy fiel y nunca pensé en traicionarla, ni cuando fuimos novios y menos aún ya casados. Para mí ahí se rompió el sortilegio, el sentimiento de querer a alguien.

Debo decir que en Televicentro me apareció una admiradora muy admirada y querida, Evangelina Elizondo, que en ese tiempo, a sus 22 años, ya gozaba de mucha fama. Ella era de Monterrey y se dedicó a cantar desde que la escogieron a los 17 o 18 para interpretar a Blanca Nieves de Walt Disney, en la versión doblada al español, porque cantaba muy bonito. Desde luego, nunca hubo entre nosotros ninguna relación más que de amistad. Alguna vez fui a su casa a cenar, pero no pasó de ahí. La admiraba como cantante. Es más, aunque me buscaba bastante, Evangelina estaba enamorada en realidad del director de orquesta Juan García Esquivel. De haber querido, habríamos iniciado un romance en tres minutos.

Yo no comprendía que pudiera haber una relación íntima que no fuera en serio, pues para mí era indigno acostarse con una mujer nada más por diversión; para eso están las muchachas de la calle. No consideraba válido enamorar a una chica y engañarla, y estando casado ni siquiera se me ocurría. Siempre tuve muchos escrúpulos.

Pero como no todo mundo piensa así, creo que algunas "amigas" de Matilde la predispusieron con prejuicios en contra de las artistas de la televisión.

En una ocasión surgió una fuerte desavenencia entre nosotros. Como salía muy tarde de trabajar de Televicentro, y Coapa estaba muy lejos, solía quedarme a dormir en la casa que Gustavo Verdalles y yo rentamos (casi en la esquina de Chapultepec y Cuauhtémoc) a fin de montar un laboratorio de revelado para copiar programas y mandarlos a Monterrey. Pero el hecho de que yo durmiera y pasara mucho tiempo en esa casa, no significaba que sostuviera ninguna relación sentimental, mucho menos sexual con nadie.

Un trágico día fui a ver a Matilde y a mis hijos al departamento de Insurgentes, que estaba frente a Los Globos, donde tocaban Los Bribones. Al salir vi estacionado un coche rojo MG idéntico al de mi socio Gustavo Verdalles. Se me ocurrió atravesar la avenida y entrar en Los Globos para averiguar si él estaba ahí.

Efectivamente, encontré a Gustavo allí cenando con dos chavas, muy tranquilos. Debo haberme sentado diez minutos con ellos, cuando de repente me dijo un mesero que me buscaban en la puerta.

Salí y era Matilde, quien evidentemente me vio cruzar el camellón y entrar a Los Globos. Cuando bajó y vio las dos parejas se imaginó lo peor. En pleno camellón de Insurgentes, en medio de los coches, me insultó de arriba abajo y me pidió el divorcio. De esa insultada que recibí surgió una separación definitiva.

Yo me sentí infinitamente ofendido, porque nunca antes había visto a esas mujeres, ¡lo juro por Dios santo que está en el cielo!, pero para ella resultaba clarísimo que era culpable. Podía haberme ofendido de 20 maneras, pero decirme que la había engañado era la peor. Y como me considero un tipo muy orgulloso y egoísta, no había marcha atrás.

Ahí exploté: "Después de esto, ahora sí cuando vea a una chica que me guste me voy a ir a acostar con ella, y si no te gusta a ver cómo lo arreglas. Por mí nos empezamos a divorciar a partir de mañana, porque ya estoy harto".

Ella consiguió un licenciado para encargarse del divorcio, concertó una cita y fuimos, pero ya con el abogado enfrente ella se desmoronó, se echó a llorar y ya no fue posible seguir el trámite. Aunque nos retiramos, no por eso se compuso la situación ni mucho menos. "Si nos vamos a divorciar, pues adelante", pensé, pero pasó un tiempo antes de firmar.

Estuvimos casados sólo hasta 1955 y nos separamos por varias razones. Creo que ella no estaba preparada para vivir sola conmigo ni yo para vivir con ella y sus nueve hermanos, quienes siempre generaron interferencia. Había muchas cuestiones en las que no me entendía con parte de su familia.

Una segunda oportunidad

Poco después, Carlos Caballero, mi socio en el negocio de construcción de radiotransmisores, me invitó a la boda de la hermana de la secretaria del señor Vélez, el gerente de la XEW. "¿Por qué no vamos? Es el sábado en Cuernavaca y va a estar muy divertido", me dijo.

Esta secretaria era una mujer seca, no simpática, de ésas medio quedadas a las que se les agria un poco el carácter, pero como yo seguía yendo a la W terminé trabando amistad con ella. Carlos Caballero también era su amigo porque iba con frecuencia a vender bulbos a la W.

Acepté, pues andaba totalmente libre y decepcionado de mi matrimonio. Ya en el banquete, la secretaria del señor Vélez y Carlos Caballero me presentaron a María Luisa Rangel, "una cantante con una voz preciosa", comentaron.

Ella y yo nos pusimos a platicar de música, de partituras, de ópera… Yo no sabía mucho de óperas ni de canto, pero ella se las sabía todas. Era una mujer muy simpática, abierta y preparada, hablaba perfectamente inglés, francés, alemán, español e italiano, idioma obligado para una cantante. En fin, como me llamó la atención, le dije que tenía mucha música y que me iba a deshacer de muchos de mis discos. Ella se interesó en el tema y quiso saber más de la música que me gustaba. Seguimos platicando hasta que terminó la comida. Nos despedimos y ahí paró la cosa…, o eso creí.

Como a los ocho días, recibí en Televicentro un paquete. Era un retrato de Mozart con un marco muy bonito y una tarjetita que decía: "Por el gusto de conocerte. María Luisa Rangel". Me alegró mucho su gesto. Ahí empezaba algo más interesante. Mozart era uno de los ídolos de María Luisa, y sus óperas las cantaba precioso.

Después, como a los ocho o diez días, recibí otra tarjetita en la que me invitaba a una comida en el Restaurante Chapultepec, cerca de la Diana Cazadora, donde iba a cantar. Cuando llegué ahí, encontré que me había reservado una mesa. En el momento oportuno según el protocolo de la comida, anunciaron a María Luisa Rangel, quien cantó "Un bel di vedremo", un aria de *Madame Butterfly*, ópera muy emocionante y sentida que trata de un marino estadounidense que se enamora de una japonesa.

Cantó precioso, y después de su actuación comimos ahí mismo, que era un restaurante muy refinado, digamos de estilo, donde se reunían industriales y gente importante. En la plática me invitó a su casa de Cuernavaca, donde vivía con sus padres. El caso es que a partir de ese día empezamos a llevar una relación amistosa, musical.

María Luisa era una soprano operática y cantaba zarzuela. Cuando venía a México a grabar o a presentarse en algún programa de radio o televisión se quedaba a dormir con su abuelita, que vivía en la calle de Morelia casi esquina con Chapultepec, cerca de un parquecito. Una vez salimos a dar la vuelta por ahí y mientras caminábamos, de repente se me arrimó y me dio un beso en la mejilla. Entonces nació en mí un interés más profundo, más allá de la amistad musical, y me enamoré de ella.

Estuvimos viéndonos como un año con alguna frecuencia, pero sin iniciar una relación mayor, hasta que tomé cartas en el asunto y conseguí un abogado muy competente para formalizar el proceso de divorcio de Matilde. Una vez concluido, todavía tuvimos que esperar porque una cláusula del matrimonio estipulaba que debía pasar un año antes de volverse a casar.

En el drama del divorcio, Matilde me amenazó con no permitirme volver a ver a mis hijos, y respondí que estaba bien, que cuándo empezábamos. Eso le dio más coraje. Ambos estábamos en plan de heridos, orgullosos e idiotas, en la irracionalidad total. En efecto, no vi a mis hijos oficialmente durante unos diez años. Bueno, los iba a ver al Colegio Alemán, pero sin tener trato directo con ellos, y les enviaba regalos.

En realidad no sufría demasiado por no verlos. Como buen egoísta, busqué una justificación apropiada: si alguien les puede causar daño a los hijos son dos padres idiotas peleándose; eso fue lo que preferí evitar, y salió muy bien. Cuando volví a reunirme con ellos nunca les hablé mal de su mamá, y sé que ella tampoco les dijo nada malo de mí porque era inteligente.

Antes de que esto culminara en un desacuerdo trágico, le ofrecí a Matilde construir una casa para ella y nuestros hijos. Compré un terreno, propiedad del papá de mi amigo Eduardo Morfín, y conseguí a unos ingenieros para que diseñaran y construyeran la casa. También me comprometí a dar pensión y la mantuve hasta que se casó con el señor Horacio Olivera.

La siguiente vez que pude ver oficialmente a mis hijos, con el consentimiento de Matilde, fue un 6 de enero para llevarles sus regalos, unas bicicletas. Dos amigos y yo nos vestimos de Reyes Magos, pues junto a Televicentro existía un almacén de disfraces gigantesco. Notamos que mi hijo Mario nos descubrió; él es medio hosco, misterioso y siempre está viendo que hay detrás de las cosas. En cambio el mayor, José, siempre sonriente, sencillo, afable, ni se las olió: a él sólo le importaba la bicicleta.

Después les ofrecí un viaje a Disneylandia. Matilde en un principio aceptó y compré los boletos, pero al final no los dejó ir.

Cuando pasó un año, ya nos pudimos casar María Luisa y yo. La boda fue en Cuernavaca, en la casa que compartía con sus padres. El día que nos casamos fuimos a ver a mi papá, quien vivía en Paseo de la Reforma número 27, muy cerca de donde antes estaba El Caballito, para decirle que nos acabábamos de casar.

Sin saludar —porque él nunca saludaba a nadie—, dio media vuelta, fue a otro cuarto de su departamento y salió con una botella de coñac y tres copas para brindar.

María Luisa y yo vivimos primero en un departamento muy bonito que rentamos en la colonia Del Valle. Era un hermoso edificio con jardineras, en una cuchilla de División del Norte casi llegando a Insurgentes. Ella ni de chiste quería hijos, y eso me parecía muy bien porque yo ya tenía suficiente con Mario y José.

Después de unos años nos cambiamos una buena temporada a una de las casas que don Emilio nos había hecho en San Felipe, en Iztapalapa, para que atendiéramos la W.

Más o menos cuatro años después de casados, cuando aún trabajaba tanto en Televicentro como en Campos Hermanos, me mandaron viaje a Nueva York para atender algún asunto del Canal 2, y de ahí me fui a Boston a visitar al organista Power Bigs.

Lo importante es que mientras estaba fuera de México, un buen día María Luisa encontró a alguien por ahí. Nunca supe quién era, sólo me enteré de que se trataba de un judío que vivía en Nueva York y había venido a México. Fue de esas peripecias que les ocurren a los artistas, esa veleidad que repentinamente les cambia la orientación de la brújula.

No me enteré de nada, pero sí mi querido amigo Luis Segovia, quien había trabajado largos años conmigo en Televicentro y en Campos Hermanos, e incluso se disfrazó de Baltazar para dejarles sus regalos a mis hijos. Luis sabía exactamente cómo estaba el enredo de María Luisa porque, como él trabajaba en la W, la había visto y estaba al corriente de la relación que ella acababa de iniciar.

Paralelamente, resulta que alguien le dijo a don Francisco Campos que María Luisa estaba con un asunto fuera de lugar. Como don Pancho era mi amigo, se lo comentó a su hijo Francisco, quien no sólo conocía a María Luisa —ella y yo habíamos hecho amistad con él y con su esposa—, sino inclusive le patrocinó un disco de arias de ópera y canciones mexicanas.

Compañero y buen amigo desde la universidad, Francisco tomó riendas en el asunto, le habló por teléfono a María Luisa y la invitó a comer. El día de la cita, cuando salió de la oficina rumbo al restaurante, no encontró taxis en el sitio y casualmente —porque Dios arregla las cosas muy bien— pasó frente a él Luis Segovia en la camioneta de la XEW, quien al verlo le dijo: "Ingeniero, ¿qué hace, a dónde va?". "Es que tengo una cita con María Luisa Rangel y no encuentro taxi". Así que Luis le ofreció llevarlo, y camino al restaurante le platicó todo el asunto al ingeniero Campos, quien sabía que algo estaba chueco, pero no disponía de más información.

Entonces, cuando llegó al restaurante el ingeniero Campos ya conocía cómo estaba la movida. Mientras comían, en el momento oportuno fue al grano con María Luisa: "*Chesita* —yo le había puesto *chesa* por ser el diminutivo de princesa—, usted tiene un asunto que no es que juzgue ni bien ni mal, pero defínase: o está con José o no".

Ella contestó que ya había decidido que le interesaba "Mengano". Francisco le sugirió no prolongar más esa situación y que lo mejor que podía hacer "es hablarle por teléfono a Pepe y decirle francamente el asunto". Todo esto me lo contó después el propio Francisco Campos.

En ese mismo momento, María Luisa pidió el teléfono del restaurante y me llamó a la oficina para que nos viéramos: "Ahorita me va a llevar el ingeniero Campos a Televicentro y te veo en la puerta", me dijo. Al vernos, entramos al coche y me comunicó que ya se iba y quería el divorcio.

Más que otra cosa, cuando se fue me sentí muy enojado, con un deseo de borrar de mi mente y de mi vida todo cuanto me recordara a María Luisa Rangel. De hecho, a los pocos días de marcharse a Nueva York cogí todo lo que guardaba de ella y todo lo que ella había dejado, inclusive los discos —de lo que ahora me arrepiento un poco porque eran muy buenos—, cavé un hoyo en San Felipe y lo enterré. Así me sentí libre de mis vínculos con María Luisa.

Se encargó del proceso de divorcio un abogado amigo de ella, Fernando Nájera, una persona excelente. Muchas veces María Luisa y yo habíamos ido a la casa de Fernando y su esposa. Cuando le hablé para iniciar el trámite, él ya estaba enterado de la situación —ya sabes que el último en enterarse es el marido.

Ahí terminó totalmente la relación con María Luisa Rangel. Meses después le hablé a Matilde para comunicarle que ya se había acabado lo de María Luisa. Había pensado en la posibilidad de reanudar la relación con Matilde, pero ella me dijo que ya tenía otro interés por ahí; efectivamente, tiempo después supe que se casó con Horacio Olivera.

Dos décadas de felicidad

Pasaron dos o tres años, y un buen día otra vez Carlos Caballero —a quien le achaco el encuentro con María Luisa Rangel porque me invitó a la fiesta donde la conocí— me pidió que fuera con mi guitarra a cantar unas canciones a la fiesta de fin de cursos de la Alianza Francesa, "y verá que es un grupo muy agradable". Él estudiaba francés con el propósito, cumplido, de irse seis meses de vacaciones a Francia en plan de aventura.

Como acepté, tomé mi guitarra y fui a la Alianza Francesa que estaba en la avenida Tamaulipas. En efecto, era un grupo muy simpático de estudiantes de entre 25 y 30 años, más las profesoras francesas. La mujer que llevaba la Alianza Francesa y habitaba el departamento se llamaba Monique Lions Signoret, era extraordinariamente delgada, de porte elegante, muy seria y algo retraída —para que se sonriera costaba trabajo—, aparte de ser una persona bien preparada, con un doctorado en derecho por la Universidad de Toulosse.

Estuvimos charlando y cantando, y cuando todos se retiraron me quedé platicando un rato con ella muy a gusto, un poco porque me interesaba aprender el francés y otro tanto porque ella me llamó la atención. Me despedí como a la una de la mañana de Monique, con quien pasé un rato tan agradable que "casualmente" hasta olvidé la guitarra en su casa. Son de esas situaciones que no se planean, pero en las que el subconsciente nos manda señales. Ahí se ve que Freud no se equivocaba.

Días después, comenté con Carlos que había dejado la guitarra en la casa de Monique y le pedí su teléfono. Cuando le hablé para preguntarle qué día podía pasar por la guitarra, muy amablemente me dijo que el viernes era muy buen día para ella porque no tenía que levantarse temprano el sábado y quería invitarme a cenar. "No sé si te gustarían unas papitas", preguntó.

Resultó una cita muy agradable. Llegué a las siete de la tarde, y a partir de ese momento no dejamos de conversar hasta las once de la noche, más o menos, salvo mientras disfrutamos de las papitas famosas —ella guisaba como nadie—. Ofrecí arreglarle un reloj al que se le había zafado la pulsera de un lado, algo muy sencillo. Cogí mi guitarra y me despedí con dos besos en las mejillas, como los franceses.

Arreglé su reloj pero no podía llevárselo porque estaba yo por salir del país —viajaba tres o cuatro veces al año, principalmente a Estados Unidos—, por lo que se me ocurrió la brillante idea de pedirle a don Francisco Campos el favor de entregárselo. Yo trabajaba aún en Campos Hermanos, a principios de los sesenta.

Como luego me contó don Pancho, llegó al domicilio de Monique en su Porche convertible acompañado de un colaborador de la empresa que se quedó abajo cuidando el coche: "Se me apareció en la puerta una señora muy seria, como diciendo '¿qué quiere, a quién busca?' Le expliqué que le traía su reloj y se lo enseñé. Le dije mi nombre y que trabajaba contigo".

Sólo entonces ella se atrevió a dejarlo entrar, le ofreció una copita y se pusieron a platicar de la guerra, de Francia, de lo que se imaginen, y establecieron amistad. Realmente ella era muy agradable y simpática cuando ya entraba en confianza. Total, él salió a la una de la mañana y encontró a su amigo dormido en el coche.

Al regresar de mi viaje, don Pancho me dijo que Monique le había causado una muy buena impresión, pues era una señora muy preparada, que cocinaba excelente y sumamente agradable; en síntesis, le había caído muy bien y eso me dio mucho gusto porque él tiene un colmillo como de elefante para las mujeres.

Le hablé a Monique y me dio las gracias…, y otras papitas. De esta forma se fue forjando primero una sólida amistad, y luego sentí mucho cariño por Monique. Anduvimos así hasta que un día llegamos a intimar.

A fines de 1963, cuando ya estábamos en una relación de pareja, mi papá, mi hermana y yo viajamos a Europa, aprovechando que Campos

Hermanos me pidió ir a buscar en Alemania una empresa que nos asesorara en la fabricación de los aceros especiales que queríamos producir.

En cuanto arreglé el asunto con la empresa alemana, me compré allá un coche, un modelo de Volkswagen de una línea padrísima que nunca llegó acá —de hecho no llegó a ningún país de América porque los estadounidenses le pusieron una serie de impedimentos a ese coche, ya que iba a fastidiar a todos los autos producidos en Estados Unidos, algo que finalmente sucedió con la versiones más nuevas de los VW—. Al ver que me encantaba, don Francisco Campos me dijo: "Pepito, si usted quiere yo me arreglo con un amigo de las fábricas Krupp en Alemania, quien se llama Bay, y él le consigue en la VW uno de estos coches nuevos, de agencia".

En efecto, cuando llegamos mi papá, mi hermana y yo a la agencia, ya estaba ahí mi precioso carro azul. Era un sedán cuatro puertas, cómodo, con una cajuela atrás —debajo de ella estaba el motor— y otra adelante. Vendían un juego de maletas que ajustaban exacto en ambas cajuelas, lo que permitía empacar con el máximo de eficiencia.

Parecía un Jetta con el motor atrás; o sea el concepto VW de motor enfriado por aire, pero no el motor del "vochito", sino uno totalmente plano para que cupiera en una altura de 30 centímetros debajo del piso y de la cajuela. En Alemania me costó 20 000 pesos, cuando aquí el "vochito" valía 22 000 pesos. Funcionaba perfecto y, feliz con él, me lo traje a México.

¿Para qué comprar un coche allá? Pues porque quería conocer a los padres de Monique, que vivían en Castres, una ciudad muy cercana a Toulouse, al sur de Francia. Ellos habían sido los gerentes de una empresa francesa que fundó en Puebla una gran tienda de ropa que se llamaba La Ciudad de México, y era como el Puerto de Liverpool o el Palacio de Hierro. Incluso Andrés, el mayor de los dos hermanos de Monique, era mexicano porque aquí nació cuando estuvieron viviendo en México, allá por 1924; lógicamente, cuando creció se fue a Francia a estudiar la carrera de ingeniero textil, que era el trabajo lógico. Después de Andrés, seguía Monique, luego venía Antonette y al chico le decían Didi.

Entonces, saliendo de Alemania enfilamos hacia París, y de allí seguimos rumbo a Toulouse la noche del 31 de diciembre de 1963.

Como hacía mucho frío y la carretera estaba congelada, tuvimos que ponerle al coche cadenas en las ruedas. Faltaba una hora para llegar a Toulouse cuando nos dieron las doce de la noche. Sintonicé el radio en una estación de Madrid que se oía muy bien y empezaron las campanadas. El anunciador dijo que ya había comenzado 1964, "y la primera pieza que vamos a escuchar este nuevo año va a ser *Madrid,* del maestro mexicano Agustín Lara". Y que se avienta la orquesta con "Madrid, Madrid, Madrid...", lo cual demuestra que la gente es mucho mejor profeta fuera de su tierra que adentro. ¡Me dio un gustazo escuchar en ese momento a Agustín Lara! No sé..., me sentí parte de él.

Finalmente llegamos a Toulouse, buscamos un hotel y nos instalamos.

En la mañana del 1° de enero de 1964 recorrimos un poquito Toulouse, desayunamos y como a las once de la mañana partimos hacia Castres, una ciudad que está como a 40 kilómetros; llegamos fácilmente a la casa de los padres de Monique, por las indicaciones que nos habían dado por teléfono.

Ellos ya estaban esperándonos porque Monique les había dicho que íbamos a pasar a verlos y nos recibieron con mucho cariño. Vivían los dos solos en la casa, en compañía de un perro muy simpático. Hablaban muy buen español porque, como señalé, vivieron algunos años en Puebla. La señora lo dominaba mejor que su esposo y, además, había aprendido a preparar un excelente mole poblano, según me han dicho. Pero a nosotros no nos tocó ese mole, sino que nos sirvieron un guisado extraordinario a base de chícharos y pollo, que era el recalentado de la noche de año nuevo.

La comida de ese día fue memorable para la familia De la Herrán desde el punto de vista culinario, porque mi papá siempre padeció del estómago y cada vez que íbamos a un restaurante pedía algo muy especial porque era muy delicado. Pero cuando se va de visita a una casa no se llega a instruir cómo se quiere la comida. Por eso mi papá estaba con los nervios de punta. Pensó con verdadero terror que iba a estar enfermo los siguientes tres días en el hotel, pero aun así comió de todo porque le gustó mucho y estaba excelente la comida.

Total, terminamos a las cuatro o cinco de la tarde, platicamos un poco de varios temas y luego, tras despedirnos de los padres de Monique, salimos en el coche rumbo a Bilbao.

La gran sorpresa fue que a mi padre le cayó bien la comida, y el primer sorprendido fue él. De ahí en adelante, al menos 50 veces comentó con diferentes personas lo maravilloso que podía ser una señora que preparara alimentos sabrosos, y lo bien que le habían caído los platillos de la mamá de Monique. Por eso me acuerdo tanto de esa comida, aparte del gusto de conocer a sus papás porque mi interés en ella ya era más formal. Era una familia encantadora.

Como ninguno de los dos mostrábamos mucha disposición para casarnos, Monique y yo mantuvimos una larga relación de pareja, de seis o siete años. Anteriormente, estuvo casada por muy poco tiempo y no tuvo ni quería tener hijos. Era un año menor que yo, y su cumpleaños era el 11 de noviembre.

Finalmente, nos casamos en 1970. Vivimos dos décadas muy felices hasta el día en que falleció, en 1990.

8 Divulgación de la ciencia

José de la Herrán siempre ha creído que la población más importante de México son los niños y los jóvenes, y que es necesario atenderlos, ofrecerles acceso al conocimiento, sobre todo al saber hacer; y en este sentido, los divulgadores de la ciencia son quienes han desempeñado el papel principal. Sin lugar a dudas, José de la Herrán es uno de los grandes pioneros de la divulgación de este país, maestro de muchos de nosotros, desde que dirigió la revista Información Científica y Tecnológica *del Conacyt, a principios de los ochenta. Las aportaciones de José de la Herrán en la divulgación cubren todos los medios de comunicación: la radio, la televisión, los periódicos, las revistas, los libros, los museos, los planetarios, las conferencias y la formación de nuevos divulgadores.*

Mi primera conferencia formal pero técnica en cierta medida, es decir, no propiamente de divulgación, fue en 1949 con la plática: "Sistemas diversos de televisión con demostraciones objetivas", en la Asociación de Ingenieros y Arquitectos de México. Posteriormente, en 1951, impartí una conferencia sobre el funcionamiento de las cámaras de televisión, aunque también fue un poco técnica. De igual manera, en 1953, dicté una conferencia sobre el sistema de televisión a colores en la Facultad de Ingeniería de la UNAM. Y mis primeras conferencias propiamente de divulgación fueron "Un paseo sobre el firmamento" y "La televisión en México", ambas celebradas en el Foro de San Agustín en la ciudad de Orizaba, Veracruz. Luego ofrecí unas cuantas conferencias entre 1949 y 1970 pero más bien de carácter técnico.

En 1972 empecé a dictar conferencias de divulgación; para 1980 ya eran seis o siete al año, y en 1983, cuando trabajaba en el Conacyt como editor de la revista *Información Científica y Tecnológica,* me lancé a dar como veinte al año. Y así me seguí hasta los inicios del año 2000, para sumar alrededor de 500 conferencias de divulgación. También hay que recalcar que las conferencias versaban sobre temas muy diferentes, dependiendo mucho del tipo de público, por ejemplo, la invasión de Marte, el origen del Universo, los satélites artificiales, el Radiotelescopio Milimétrico, Pascal: el primer autómata educativo, entre otros. Siempre en los temas pioneros de ciencia y tecnología del momento. Es muy importante determinar qué sabe el público para que la aproximación al tema sea adecuada. Me gustaba mucho deslizar algún comentario para calcular el nivel de mi público y así saber cómo pronunciar mi conferencia. Por ejemplo, decir que se había creído en la posibilidad de que el planeta Marte estuviera habitado por seres inteligentes porque estaban los canales de Marte en los que podría haber agua. Sin embargo, todas esas esperanzas se murieron cuando empezó la exploración espacial, pues las astronaves espaciales automáticas mostraron con fotografías que la teoría de que había canales de agua en Marte —muy socorrida a principios del siglo XX— no era cierta. Porque realmente mi papá y yo veíamos en el telescopio unas líneas que podían ser los canales, pero eran efectos de difracción del telescopio. De manera que cuando las naves automáticas se acercaron, pues descubrieron que no había ningún canal. Y se vio además que en el planeta no había vegetación, es decir, que estaba muerto. Entonces, les preguntaba a los asistentes su opinión al respecto y con ello me podía dar cuenta del nivel del público. Si alguien se interesaba sobre el tema, le explicaba que lo del agua en Marte ha sido un problema, porque en alguna época hubo océanos, pero con la atmósfera tan sutil que envuelve al planeta, el agua se va evaporando y escapa hacia el espacio; pero la que está debajo de las primeras capas de tierra no se sale, se queda ahí. Entonces si escarbas un pozo seguro encuentras agua. Todavía no se ha intentado eso en Marte, pero todas las pruebas que se han practicado con excavaciones poco profundas, de un metro o metro y medio, indican que hay agua. Ese es el tipo de comentario que formula el público y entonces se crea la atmósfera adecuada para hablar sobre el tema.

El primer artículo de divulgación que escribí fue para la revista *Física*, que dirigía el doctor Luis Estrada, y que más tarde se convertiría en la revista *Naturaleza*; vale la pena señalar que fue la primera revista de divulgación de la ciencia en la época moderna. Dicho artículo trataba sobre los cohetes, para entender cómo el gas que sale por la tobera, debido a las fuerzas de acción y reacción (de acuerdo con tercera ley de Newton), impulsa al cohete hacia adelante. Al igual que ocurre con una canoa en un lago, si empujas el agua hacia atrás, la canoa se mueve hacia adelante. Pero el artículo describía cómo era la velocidad de los gases de salida del cohete.

A continuación reproduzco un fragmento del artículo que salió en la revista *Física* de marzo de 1970, en la sección De nuestros lectores:

"Trayectoria de un cohete.

"La elaboración del presente estudio tuvo como causa, por una parte, el interés que siempre ha suscitado en mí la conquista del espacio y, por otra, la fortuna de haber presenciado el lanzamiento del Apolo XI, el 16 de julio de 1969.

"En esa fecha realicé un viaje —por cierto muy pintoresco— a Cabo Kennedy, con la esperanza de ver, aunque desde muy lejos, el primer intento del hombre por llegar a la Luna. La suerte me acompañó: pude penetrar a la tribuna de prensa y, desde ahí, a corta distancia, fui testigo de este prodigioso espectáculo.*

"Meses transcurrieron ya, pero cada vez que recuerdo aquel instante cuando el Saturno V se envolvió en una gigantesca nube, producto de sus propias entrañas y, al cabo de unos segundos de poderosa inmovilidad, comenzó a elevarse con la majestuosa lentitud de los gigantes, me invade una gran emoción y me alegro profundamente de haber participado como observador de tan inefable momento.

"Ya en casa, al proyectar la película que tomé de aquel histórico despegue, en compañía de mis hijos y algunos amigos, surgió entre nosotros la curiosidad de comprender cómo actuaba la fuerza desencadenada por las miles de toneladas de combustible y comburente consumidas para impulsar en contra de la gravedad a tan inmensa masa.

"Aprovechando la valiosa y completísima información que me fue obsequiada aquella noche en Cabo Kennedy, comencé por trazar la gráfica del movimiento del Saturno V durante su primera etapa, anotando velocidad, alturas, distancias y tiempos."

Después de aplicar las ecuaciones de Newton calculaba la velocidad del cohete Saturno V.

Cuando trabajaba en el Centro de Instrumentos de la UNAM me invitó el doctor Edmundo Flores a participar en la revista *Ciencia y Desarrollo* del Conacyt, en la que a lo largo de ¡más de 30 años! me encargué de la sección de astronomía "Descubriendo el Universo", y posteriormente invité a los doctores Arcadio Poveda y Christine Allen, ambos investigadores del Instituto de Astronomía de la UNAM. Inicié la sección en el número 26 de la revista, correspondiente a mayo-junio de 1978.

Al año siguiente, 1979, empecé a publicar en la revista *Información Científica y Tecnológica (ICyT)* del Consejo Nacional de Ciencia y Tecnolo-

---

*En el libro de las mejores fotos de la revista *Life* aparece el ingeniero José de la Herrán contemplando el histórico lanzamiento. (*N. del E.*)

gía (Conacyt) artículos como: "La cámara de aluminizado de San Pedro Mártir, B. C.", "Avances recientes en astronomía observacional", "Los telescopios del futuro", "El fonógrafo y los discos digitales"; y, en 1980, "La cámara Handland Imacón 675 (la más rápida)", "El cuarzo en la electrónica", "Los primeros vuelos mediante energía solar", "La cámara de televisión ultracompacta Siemens", "Energía solar mediante estanques salinos en Israel", entre muchos otros más.

Dos años después el doctor Edmundo Flores me invitó a colaborar con él como editor de *Información Científica y Tecnológica (ICyT)*, bajo la coordinación de Augusto Monterroso. Fui editor del 1 de marzo de 1981 al 15 de abril de 1982. Era una revista quincenal dirigida a jóvenes de educación media superior —preparatoria, colegio de ciencias y humanidades, bachilleres y vocacionales—. Ahí trabajó conmigo un equipo integrado por Juan Puig, Jorge Brash, Juan Manuel Valero, Consuelo Garrido, Andrea Burg, Aquiles Cantarell, Guillermo Bermúdez, Gabriel Nagore, Rebeca Slomiansky y Juan Tonda, entre otros. En esa época Conacyt apoyó mucho la divulgación de la ciencia nacional, al grado de que había 52 librerías de ciencia y tecnología en toda la República Mexicana. Y se publicaban las revistas *Ciencia y Desarrollo,* que era bimestral; *Información Científica y Tecnológica,* que en un principio era quincenal; *Comunidad Conacyt*, mensual, y *Research and Development*, todas con tirajes de entre 20 000 y 50 000 ejemplares que llegaban a todos los becarios de Conacyt en el mundo.

Hay que mencionar que en las revistas de Conacyt se formaron muchos divulgadores de la ciencia, algunos de los cuales trabajaron conmigo. En *ICyT*, seguí colaborando regularmente durante varios años. Publiqué entre junio y octubre de 1985 una serie de cinco artículos que fueron muy leídos y comentados: "Construya su propio telescopio", y que posteriormente editó como libro, con el mismo título, la Dirección General de Divulgación de la Ciencia de la UNAM. Un libro con el que cualquier aficionado puede construir un telescopio si trabaja regularmente.

En cuanto a periódicos, escribí para *Excélsior* la columna "Comentario tecnológico", en 1983, y también publicaba regularmente en *Revista de Revistas*, que dirigía Enrique Loubet Jr. En el número 4457, de octubre de 1997, dedicado a Agustín Lara, escribí el artículo que reproduzco a continuación:

"Física, música y Agustín Lara: opúsculo en tres actos.

"Cualquiera diría que este título es una combinación extraña, pero la idea surgió de un debate que tuvimos en Oxford, Inglaterra, mi amigo Rafael Barrio y yo hace unos 10 años.

"El debate lo convertimos en una pequeña obra de teatro para presentarla en el Museo de las Ciencias, Universum, con motivo del festival "Música con un poco de ciencia", realizado en septiembre de este año, y la pequeña obra la dedicamos al gran maestro Agustín Lara, ahora que celebramos el centenario de su nacimiento; el debate surgió así:

"Oxford hace unos 10 años.

"Con un grupo de amigos en casa de Rafael y, después de la cena, me siento al piano y toco "El último beso", imitando el estilo del maestro Lara, pieza que él compusiera por allá de los cuarenta y que iniciaba con una difícil pero extraordinaria adanzonada introducción.

"Rafael: ¿Qué bonito? ¿Me puedes conseguir la música?

"Yo: Ojalá pudiera pero no existe; la aprendí directamente del maestro al escucharla en su programa de la "W"; la grabé y la fui sacando de la grabación. Por otra parte, aunque encontraras la partitura, no te serviría. Yo creo que la notación musical no sería capaz de representar ni su estilo ni su forma de tocar tan original…

"Rafael: ¡Cómo que no! Claro que sí se puede. Se puede escribir cualquier cosa que alguien pueda tocar.

"Yo: No lo creo; si así fuera, las partituras que hay del maestro tendrían su estilo y no lo tienen…

"Y así seguimos la discusión, que por cierto, acabó en un reto entre Rafael y yo, reto que decidimos resolver con el plan siguiente: Yo tocaría unas piezas al estilo de Agustín Lara, Rafael las iría escribiendo y, al final, conseguiríamos un buen pianista que no lo hubiera oído y que leyera y tocara la música escrita por Rafael; si la interpretación sonase como yo la había tocado, Rafael ganaría…

"La empresa nos tomó buen tiempo para llevarla a cabo, pero finalmente terminamos 12 canciones (claro entre ellas "El último beso") y nos quedamos pendientes para cuando encontráramos a un pianista profesional que aceptara ayudarnos a finiquitar el debate. Esto ocurrió como sigue:

"En julio de este año, y siguiendo con la idea de ligar la cultura con la ciencia, se planeó en el teatro de Universum, dedicar el mes de septiembre a la música y le pusimos al programa "Música con un poco de ciencia". Para iniciarlo, se me ocurrió aprovechar aquel debate y hacer una obrita de teatro en tres actos: Por suerte para nosotros, estaba en México el gran director de orquesta, pianista y buen amigo James Demster, quien aceptó interpretar tres de las partituras escritas por Rafael: "Farolito", "Amor de mis amores" y, por supuesto, "El último beso".

"Ahora bien: ¿quiénes somos nosotros?

"El doctor en Física Rafael Barrio, bien conocido en la comunidad científica internacional por sus trabajos en física teórica, fenómenos no lineales y temas aún más raros; es además un erudito en música e hizo la carrera de pianista. Con frecuencia acompaña en el piano a violinistas distinguidos, toca en conciertos y además compone música clásica. Rafael es investigador del Instituto de Física de la UNAM, tiene estancias frecuentes en universidades extranjeras (como en el caso de Oxford) y somos amigos desde hace más de 20 años.

"Yo, en el aspecto musical, soy aficionado autodidacta que no sabe leer música y mucho menos escribirla; mi afición se la debo a mi padre, quien me enseñó a tocar el piano, cuando chico, "Peregrina", y al maestro Agustín Lara, de quien siempre he sido gran admirador. El maestro era amigo de mi padre y me permitía entrar al estudio de la "W" a verlo tocar, cosa que hice por más de un año; yo siempre digo que fue mi maestro, aunque él en realidad no lo supiera.

"James Demster es un joven director de orquesta de fama internacional que se pasa viajando gran parte de su tiempo para dirigir conciertos y sinfonías en muchos países; es además excelente pianista y, por ser estadounidense, resultó ideal para ser juez e intérprete y resolver nuestro debate. Cuando le propuse que nos hiciera el honor de tocar en el tercer acto de la obrita, aceptó gustoso y le dimos solamente tres días para que estudiara las partituras de "El último beso", de "Amor de mis amores" y de "Farolito".

"… La obrita de teatro consistió en tres actos, de los cuales el primero fue una introducción de la física de la música, en que preparé unos generadores de audiofrecuencia, un sintetizador y un osciloscopio acoplado a un monitor de televisión, para que el público pudiera, además de oír "ver" el sonido. Así mostré cómo se ven las notas musicales y expliqué lo que es la amplitud, la frecuencia y el timbre, que son los tres atributos de una nota musical. Después, con dos notas, pudimos oír y ver cómo, cuando hay armonía (octavas, quintas y terceras), las ondas en el monitor de televisión se ven guardar una relación numérica simple.

"Finalmente, formé un acorde mayor (no temperado), todos escuchamos lo agradable de la armonía y así acabó el primer acto dedicado a la física de la música, no sin que estuviera salpicado de la participación del público.

"Los asistentes que llenaban la sala, y especialmente los niños, se divirtieron mucho al poder ver las formas de onda de los distintos sonidos y al competir entre ellos sobre quiénes podían escuchar la nota más aguda, esto es la de frecuencia más alta; desde luego ganaron los más niños.

"El segundo acto, al principio, lo protagonizó Rafael explicando que la música es mucho más que lo que habían oído y visto, mucho más que notas de distintas frecuencias, amplitudes y timbres; habló del genio de los compositores, de la belleza de la música, de la armonía, del arte de componer y de la dificultad de interpretar y explicó los rudimentos de la notación musical; hizo especial hincapié en el hecho de que sí se pueden escribir todos los matices que forman el estilo de un compositor; éste era su lado del debate.

"Después se abrió el telón y aparecimos cenando en su casa de Oxford, para reproducir la escena ocurrida hacía 10 años; cuando él se fue a lavar los platos, me senté en el piano y toqué "El último beso". Ahí escenificamos aquel famoso debate sobre si se pueden o no transcribir al papel los matices que dan el sello personal del compositor, debate que al final se convirtiera en el famoso reto.

"Cabe decir que los diálogos estuvieron salpicados de frases chuscas, a veces de doble sentido, situación que hizo reír de buena gana a los asistentes.

"El tercer acto lo quisimos aprovechar para mostrar al público las increíbles aplicaciones de la computación en la música y para ello lo dividimos en dos cuadros; en el primero, aparece un piano electrónico conectado a una computadora del tipo PC y Rafael hace una demostración que parece magia: Toca la "Trova de ayer", introducción con la que el maestro Lara comenzaba sus programas de radio. Al ir tocando, en el monitor de la computadora se ve cómo van apareciendo las notas del pentagrama y la pantalla, conforme Rafael avanza en la interpretación. Al finalizar ésta, se levanta del piano, teclea una instrucción en la PC y la computadora hace que el piano toque y reproduzca, con absoluta exactitud —sí, como se lee, con absoluta exactitud— la "Trova del ayer" que Rafael había interpretado: al teclear una nueva instrucción, la impresora de inmediato nos proporciona una copia fiel de la partitura… ¿No parece arte de magia?

"En el segundo cuadro, aparece por fin el maestro Jim Demster, coloca las partituras que le habíamos facilitado tres días antes e interpreta en el piano con gran esmero, primero "El último beso", después "Amor de mis amores" y por último "Farolito", con el que la gente contenta y entusiasmada, se pone a cantar: "farolito que alumbras apenas mi calle desierta, cuántas veces me viste llorando llamar a la puerta."

"¿Quién ganó?

"Cuando terminó el canto y el público guardó silencio, el maestro Demster dio su veredicto en el que nos declaró empatados: el dijo en perfecto español:

"Tanto José como Rafael tienen parte de razón y por ello declaro el debate un empate. Por un lado, sí es posible representar en la notación musical prácticamente cualquier sentimiento, pero por la otra, no es posible que dos pianistas interpreten exactamente igual la misma partitura. La sensibilidad de cada pianista, sin quererlo él, aporta su estilo e, inclusive, el mismo pianista no toca igual dos veces la misma obra.

"Jim Demster terminó diciendo:

"La tarea de escuchar las sentidas interpretaciones del maestro Agustín Lara, de tocarlas y de escribirlas, no es nada fácil; por ello, deseo felicitar a Rafael y a José por el magnífico trabajo que han hecho, al hacer renacer en las 12 piezas del maestro Lara su estilo, propio y único, y su maravillosa y exquisita sensibilidad musical."*

Durante esos años trabajaba como técnico académico en el entonces Centro de Instrumentos de la UNAM que posteriormente se convertiría en el Centro de Ciencias Aplicadas y Tecnología. Ahí colaboraba en muchos programas de radio y televisión. Y seguía escribiendo artículos para varias revistas.

En 1980 el ingeniero Guillermo Fernández de la Garza fundó *Chispa*, que fue la primera revista infantil de divulgación de la ciencia en América Latina, y me invitó a formar parte de su consejo editorial y colaborar en ella. Ahí escribí un artículo en 1982 que se titula "Cuando México fue escuchado en el Polo Norte"; al año siguiente publiqué una sección que se llamó primero "Explorando nuestra galaxia" y después "Explorando

---

*Años después, las piezas con el trabajo de José de la Herrán en la interpretación —que memorizó desde su infancia— y la transcripción de Rafael Barrio se editaron en una partitura con un tiraje pequeño. (*N. del E.*)

el cosmos". También hice artículos sobre robots, entre los que destacaba un robot que construí y que bauticé como Pascal, el primer autómata educativo, con el que di gran cantidad de conferencias que les encantaron a chicos y grandes en todo el país.

En los siguientes años me nombraron presidente de la Asociación Mexicana de Periodismo Científico (AMPECI). Y ahí se me presentó la oportunidad de iniciar la revista *Prisma científico*, cuya vida fue efímera. La sociedad no funcionaba muy bien porque sus integrantes no trabajaban directamente en divulgación de la ciencia.

Desde la revista *Chispa* y en Conacyt, un grupo de divulgadores que sí ejercíamos la noble actividad de llevar la ciencia y la técnica al resto de la sociedad, decidimos reunirnos todos los sábados en el Museo Tecnológico de la Comisión Federal de Electricidad (CFE), gracias a nuestro anfitrión el arquitecto Sergio González de la Mora, quien falleció años más tarde.

Ahí nos reunimos a lo largo de un año 19 amantes de la divulgación para discutir los estatutos de lo que sería la Sociedad Mexicana para la Divulgación de la Ciencia y la Técnica (Somedicyt), fundada en diciembre de 1986. Los miembros fundadores fueron: Christine Allen Armiño, astrónoma y divulgadora; Antonio Bolívar Goyanes, editor de ciencia; Jorge I. Bustamante Ceballos, ingeniero en computación y maestro de cómputo infantil; Ignacio Castro Pinal, ingeniero y diseñador de equipos del Museo Tecnológico de la CFE; Luis Estrada Martínez, pionero de la divulgación en México y en la UNAM, así como director del Centro Universitario de Comunicación de la Ciencia de la UNAM; María del Carmen Farías, editora científica y asistente de la colección La Ciencia desde México, del Fondo de Cultura Económica; Guillermo Fernández de la Garza, director de Innovación y Comunicación y de la revista *Chispa*; Jorge Flores Valdés, director del programa Domingos en la Ciencia; Mauricio Fortes Vesprosvani, editor de la revista *Ciencia y Desarrollo* del Conacyt; Horacio García Fernández, editor de la revista *Chispa*; Sergio González de la Mora, director del Museo Tecnológico de la CFE; Alejandra Jaidar, física experimental y directora de la colección La Ciencia desde México; Francisco Rebolledo Sánchez, químico, maestro, divulgador, escritor y director del Centro de Divulgación A. C. de Morelos; José Sarukhán Kermez, biólogo y director del Instituto de Biología de la UNAM (posteriormente rector de esta universidad durante dos periodos); Roberto Sayavedra Soto, físico, maestro de cómputo y responsable del Tío bolita en *Chispa*; Juan Tonda

Mazón, físico, divulgador y asistente de la revista *Ciencia y Desarrollo*; Juan Manuel Valero Charvel, editor de la revista *ICyT* del Conacyt; Guadalupe Zamarrón, física y divulgadora del Centro Universitario de Comunicación de la Ciencia de la UNAM; y un servidor, José de la Herrán, ingeniero mecánico electricista, divulgador y tecnólogo.

Junto con la fundación redactamos el "Manifiesto por la Divulgación de la Ciencia y la Técnica" que se puede consultar en el libro *30 años de divulgar la ciencia y la técnica. Somedicyt* (coordinado por Juan Tonda) y que se publicó en las dos revistas de Conacyt.

En el Centro de Instrumentos creé el departamento de Metrología. Y en 1987, a propuesta del director del Centro, Héctor Domínguez, recibí el Premio Nacional de Ciencias, en el área de Tecnología y Diseño, por mi trabajo en el diseño del Telescopio de 2.12 m de San Pedro Mártir, la radio y la televisión mexicana, entre otros. Mientras estaba en el Centro organicé una gran exposición sobre motores Stirling, que más tarde estaría en Universum.

Por invitación de Luis Estrada me cambié al Centro Universitario de Comunicación de la Ciencia y, posteriormente, se inauguró Museo de las Ciencias Universum. En 1998, ambos se transformaron en la Dirección General de Divulgación de la Ciencia (DGDC), que abarcó a Universum y el Museo de la Luz. Ya mencioné en el capítulo anterior mi participación en el Museo de las Ciencias Universum, de la UNAM, durante más de 20 años. En él diseñé más de 100 aparatos del museo, entre los que destacan la Bobina del Tesla y el Generador Van der Graff —uno de los aparatos más exitosos de Universum—. Equipos que han disfrutado miles de niños y jóvenes. Doné una parte de mis colecciones de aparatos, porque la otra, como señalé en el capítulo anterior, quiero destinarla a un nuevo museo que se llamará el Museo del Saber Hacer, que me gustaría que estuviera en Cuernavaca y del que ya existe un anteproyecto.

En Universum dicté cientos de conferencias. Hice un pequeño planetario. Participé constantemente en los programas de radio y televisión de la DGDC de la UNAM. Colaboré constantemente en la revista *¿Cómo ves?*, que fundó Juan Tonda, en diciembre de 1998, junto con José Antonio Chamizo y Jesús Valdés, y que ha editado durante más de 20 años Estrella Burgos. Ahí colaboré con las efemérides astronómicas: El cielo de cada mes, además de escribir muchos artículos y formar parte del consejo editorial de la revista.

En Universum construí dos espacios para que los asistentes aprendieran física y astronomía: el Fisilab y el Astrolab. En el Fisilab se demostraban muchas de las aplicaciones de electricidad y magnetismo en todo tipo de aparatos. En el Astrolab se continuó la tarea que había iniciado en el Centro de Instrumentos de construir telescopios. Durante muchos años se impartió el taller "Construya su propio telescopio", en el que cientos de aficionados pudieron fabricar un telescopio de bajo precio. Y con el telescopio de la Casita de las Ciencias de la DGDC se efectuaban observaciones astronómicas frecuentes, cuando el cielo lo permitía.

Fui presidente de la Sociedad Mexicana de Divulgación de la Ciencia, de la Asociación Mexicana de Planetarios y de la Sociedad Astronómica de México (SAM). Durante mi presidencia en la SAM logramos que Manuel Camacho Solís nos apoyara con la construcción de un planetario que está en el Parque de los Venados. También conseguimos que la revista *El Universo*, que editó Juan Tonda en ese periodo, aumentara su tiraje y se distribuyera a nivel nacional. En una de las revistas regalamos un filtro para poder observar el Sol si dañar la retina durante el eclipse total del 11 de julio de 1991.

En ese año me propusieron como diputado del primer distrito de la Ciudad de México por el PRI y gané las elecciones. Debo decir que fue la primera vez en México que los diputados contaron con una publicación de divulgación de la ciencia que se llamó la *Astronomía en México* y aprendieron mucho sobre la ciencia de los cielos. Más tarde se editó gracias al apoyo de la Cámara de Diputados el libro *México y la astronomía*, con un recuento de la astronomía generada en México, que resultó un éxito; en él participaron muchos de los mejores divulgadores de astronomía, algunos de ellos investigadores del Instituto de Astronomía de la UNAM.

En la colección la Ciencia para Todos, que inició Alejandra Jaidar, publiqué el libro *Mosaico astronómico*.

Lo que más me gusta en divulgación es dar una conferencia a un público con ciertas bases conceptuales del tema en cuestión y desde luego abierto a preguntas en cualquier momento.

La divulgación de la ciencia es una actividad muy interesante porque requiere de quien la practica un conocimiento profundo del tema tratado, aunque uno crea que ya lo domina, porque sólo así se logra darle pleno sentido a la divulgación para que la gente la entienda sin dificultad.

La enseñanza en México está muy por debajo del nivel que podría alcanzar; la investigación es una actividad personal que afortunadamente hasta ahora ha sido libre; es decir, tú escoges el tema que te interesa investigar y te dedicas a profundizar en él, pero no necesariamente te proporciona cualidades para la divulgación, que es un concepto diferente.

Entre la enseñanza, la investigación y la divulgación, la más importante para un país como México es la primera. Creo que la base es que haya muchos maestros capacitados y con el interés de informar de una manera activa a los alumnos, porque ellos están cautivos en un salón, ventaja de la que los divulgadores no gozamos, porque nuestro público es voluntario.

Después de la enseñanza, sigue en importancia la investigación, porque nos sirve para aprender, y finalmente la divulgación. Cuando te preparas para divulgar descubres que tu conocimiento del tema no es lo suficientemente profundo, entonces necesitas seguir investigando. El lenguaje de un divulgador debe ser mucho más claro que el de un investigador que se dirige a sus pares, son lenguajes diferentes. El divulgador debe saber qué tanto lo está entendiendo su público. Cuanto más masivo sea el medio por el que se divulga, más básico debe ser el nivel del lenguaje y más abundantes y familiares los ejemplos que se citen.

La divulgación ha evolucionado. Hace 30 años los amantes de este oficio ejercíamos nuestra labor sólo por vocación, porque no nos pagaban y no había un escalafón en la materia, ni apoyos de ninguna índole, no había nada. Éramos unos cuantos aficionados a la divulgación, pero trabajábamos en forma enteramente individual. Pasaron muchos años hasta que el gobierno se dio cuenta de la importancia de esta actividad. Y en la Ley de Ciencia y Tecnología de 2002, ya se toma en cuenta el trabajo de divulgación de la ciencia y se dice explícitamente que es una labor que se debe reconocer y apoyar.

Si pienso en el futuro, me gustaría que los maestros implementaran la divulgación, sobre todo de las cosas más modernas. El avance tecnológico es vertiginoso y no es fácil que aparezca en los libros de texto; por eso sería deseable que los maestros se actualizaran con la mayor frecuencia posible, para no quedar rebasados, obsoletos.

Otro aspecto muy importante es oficializar la divulgación y conferirle categoría académica. Crear por ejemplo un escalafón de divulgadores: A, B y C, o algo así. Son cuestiones complejas que es difícil que ocurran a gran escala.

En relación con la lectura, es muy importante elevar la cantidad de lectura, pero lo es más procurar su calidad, dado que existe mucha basura.

Por ejemplo, recientemente compré una biografía de Leonardo Da Vinci y no me gustó, porque exhibe todos sus defectos, en lugar de concentrarse en sus cualidades. Todos tenemos defectos y señalarlos no ayuda a distinguir al biografiado de los demás. Los grandes genios han adolecido de los mismos defectos que las personas normales; pero no es necesario decirlo, porque todos lo sabemos. Hay que hablar constructivamente sobre las personas.

Un libro como *Cazadores de microbios*, de Paul de Kruif, es un ejemplo de buena divulgación. Hoy con los teléfonos celulares o móviles se dispone de información casi ilimitada. Si buscas, por ejemplo, a Jack S. Kilby y a Robert Noyce, encuentras todo sobre quienes inventaron los circuitos integrados que están en todos los celulares. A ambos se les ocurrió, de manera independiente y con un mes de diferencia, la misma idea: agrupar e interconectar transistores en un solo chip, es decir, el circuito integrado, que empezó con seis o siete transistores y ahora ya contienen decenas de miles. Los teléfonos celulares tienen por ahí perdidos en su interior por lo menos un millón de transistores. Y la cantidad de información que pueden almacenar es del orden de 256 gigabytes (Gb), lo mismo que un disco duro de una computadora pequeña actualmente. Creo que ahora se está leyendo menos, pero si se usa la información del teléfono celular se compensa, porque hay más personas con un teléfono celular en sus manos que con un libro, en una relación como de 1 000 a 1.

Tiempo atrás publiqué en el Excélsior y en la revista *Información Científica y Tecnológica* una clasificación general que hice sobre los diferentes tipos de personas que existen: 1) *Los que saben que saben*; saben que saben pero no saben todo y están conscientes de que su sabiduría es limitada. 2) *Los que saben que no saben*, son los más activos porque quieren aprender y su espíritu es de investigación y de tener constantemente curiosidad. 3) *Los que no saben que no saben*, pues son los que necesitan ayuda, porque a pesar de vivir en la ignorancia viven felices.

Como divulgador he publicado artículos, libros, programas de radio y televisión; he donado equipos y piezas para los museos de ciencia, y he dictado conferencias de una gran variedad de temas científicos y sobre todo técnicos. Toda esta labor obedece a una filosofía motivada y planeada por las siguientes razones:

1) El gran desequilibrio que ha habido en nuestro país entre la divulgación artístico-cultural y la científico-técnica para el gran público, que

está virtualmente abandonado en este último aspecto, salvo honrosas excepciones.

2)   La urgente necesidad de interesar al gran público en los temas tecnológicos, expuestos de forma clara, accesible y motivadora para que su lectura se transforme en acción.

3)   El deseo de acelerar el crecimiento del periodismo y la divulgación técnica en el mayor número de campos a mi alcance. Gracias a mi amplia experiencia preparando a técnicos en forma objetiva y funcional, y a la diversidad de áreas que he estudiado concienzudamente, he aprendido a explicar con claridad temas tecnológicos.

4)   La necesidad de que la gran población disponga de información científica y técnica clara y oportuna. El triunfo tecnológico de los países adelantados se debe por mucho a eso. Así se ha conseguido que el nivel de excelencia de esas poblaciones se eleve paralelamente a los desarrollos logrados gracias a una infraestructura tecnológica profesional. Esta labor de información no ocurre en las instituciones de enseñanza, por su propia naturaleza. En nuestro caso, se necesita con mayor urgencia, ya que hemos comenzado —por desgracia— muchos años tarde.

Fotografías

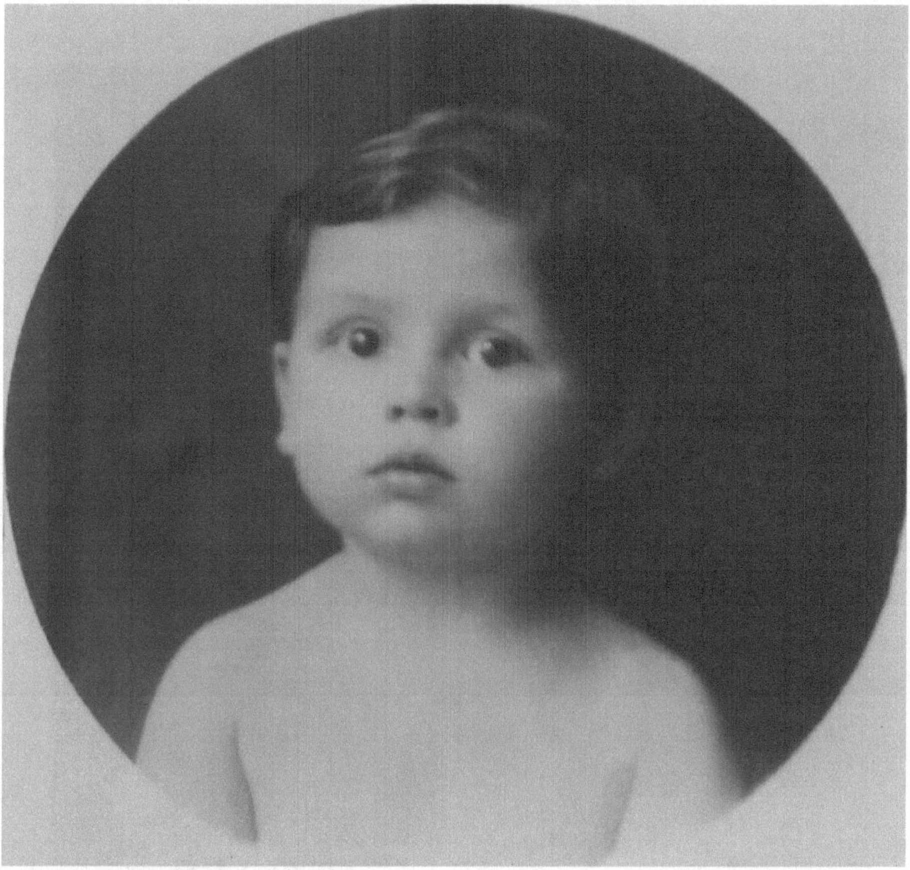

José de la Herrán de pequeño.

José de la Herrán en su juventud.

Inauguración de la XEW con los dos Josés.

José de la Herrán de niño conectando el interruptor de
la XEW.

Vista exterior de la XEW en Coapa.

Interior de las instalaciones de la XEW en Coapa, donde trabajaban José de la Herrán padre e hijo.

El futuro ingeniero en plena labor técnica.

José de la Herrán adolescente.

José de la Herrán mayor de edad.

El joven José de la Herrán trabajando en su estudio.

Padre e hijo.

Mostrando algunas figuras de patinaje con las que José de la Herrán ganó la competencia nacional.

El ingeniero José de la Herrán en Francia.

Explicando cómo funciona la televisión.

Felicitando a uno de los miembros del SkyLab.

Foto del eclipse de Sol de 1996 tomada por José de la Herrán.

Uno de los telescopios grandes que construyó José de la Herrán con su padre.

Fundidora de acero en Campos Hermanos.

Vista de la fundición de acero en Campos Hermanos.

Telescopio que construyó e instaló en su casa José de la Herrán.

Observatorio Astronómico Nacional de San Pedro Mártir, de la UNAM, cuyo telescopio construyó el ingeniero De la Herrán.

José de la Herrán con un modelo a escala del telescopio de San Pedro Mártir que hizo para Universum.

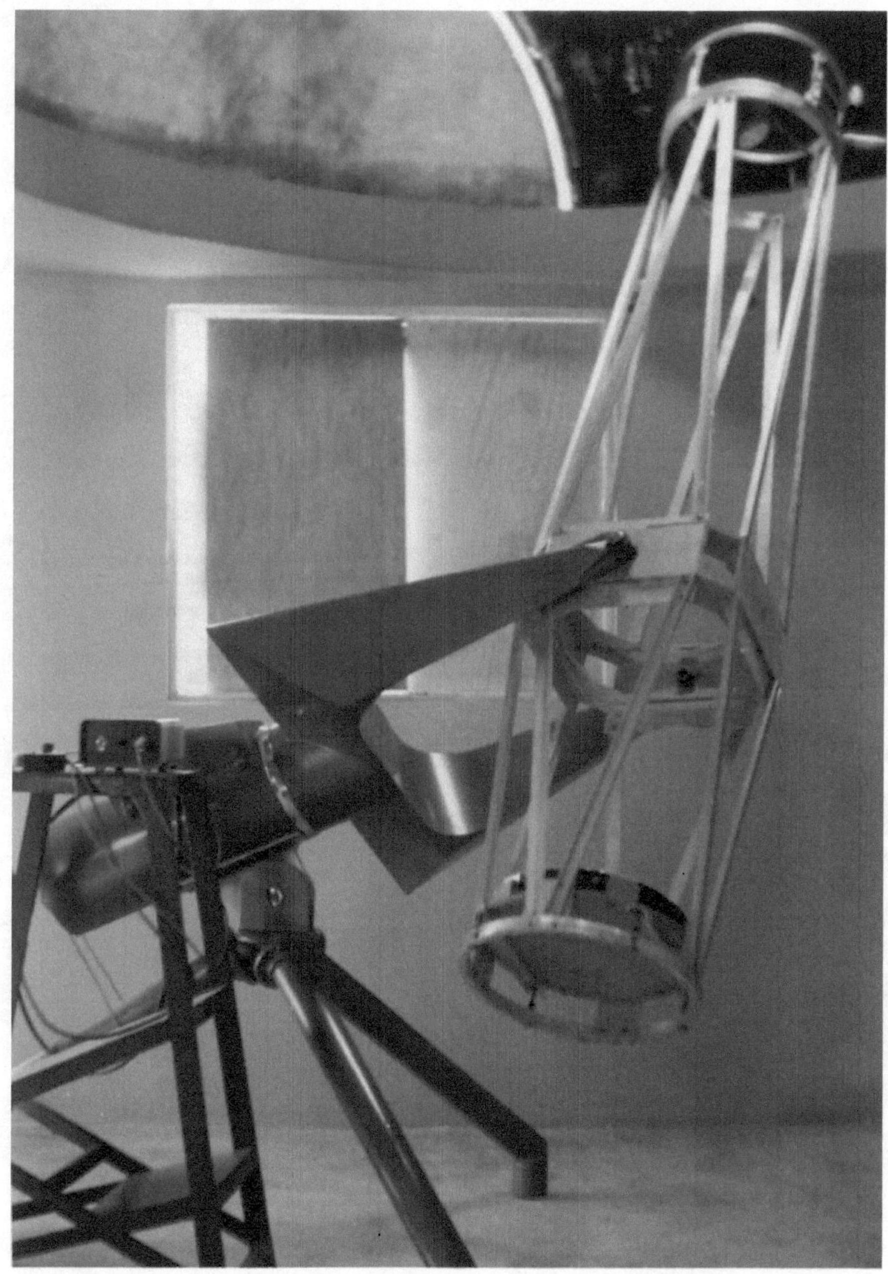

Montura del telescopio construida por José de la Herrán.

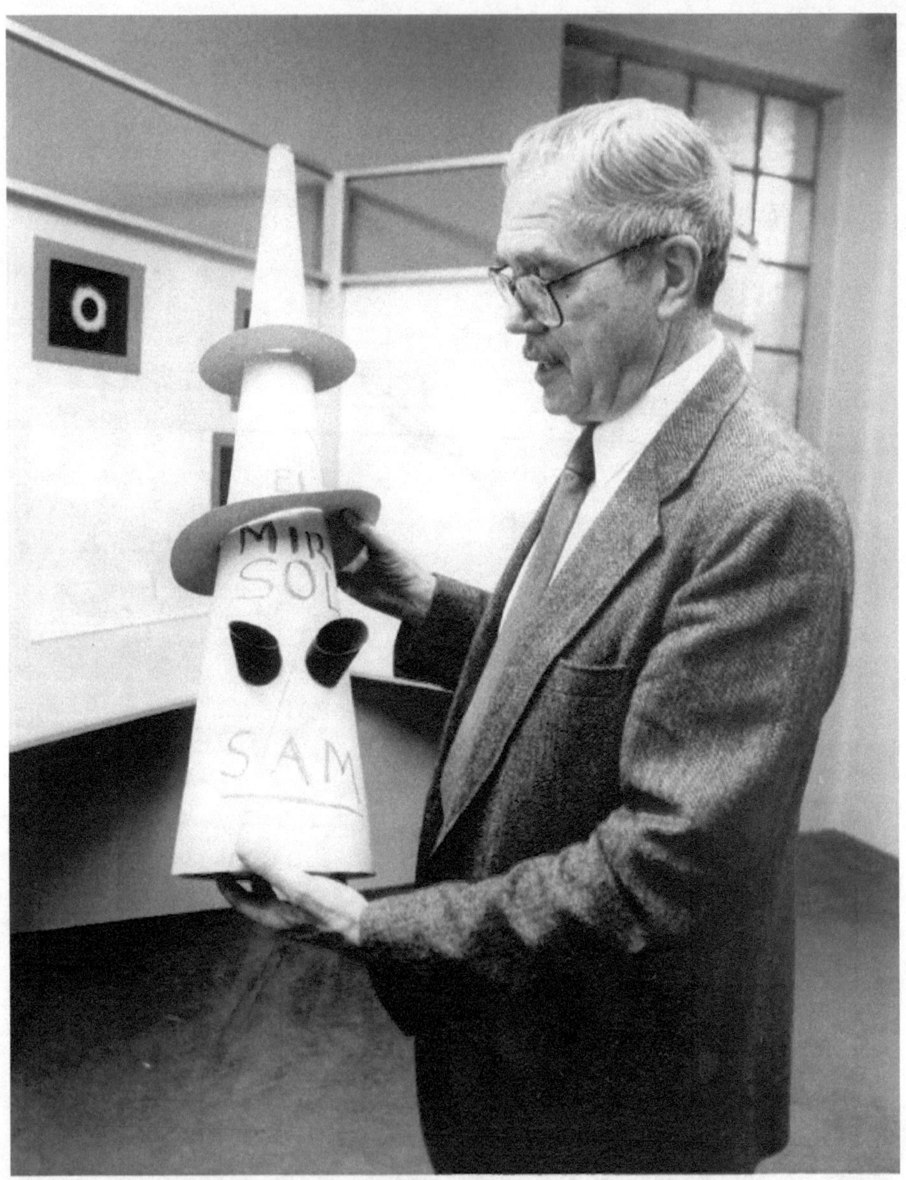

José de la Herrán con su Mirasol para no observar directamente el Sol durante un eclipse de Sol.

José de la Herrán y Pau.

Rafael Barrio y José de la Herrán después de la conferencia Física y música en Universum.

Soy un tecnólogo
se terminó de imprimir en junio de 2022,
en Soluciones Integrales Corporativas VGMO,
Leo 116, colonia Prado Churubusco, 04230,
Ciudad de México, delegación Coyoacán, México,
teléfono 52 55194217.
Cuidado de la edición: Juan Tonda.

www.ingramcontent.com/pod-product-compliance
Lightning Source LLC
LaVergne TN
LVHW091450170726
843492LV00001B/116